COVER CAPTION:

Map of total solar eclipse of 2009 July 22.

The NASA STI Program Office ... in Profile

Since its founding, NASA has been dedicated to the advancement of aeronautics and space science. The NASA Scientific and Technical Information (STI) Program Office plays a key part in helping NASA maintain this important role.

The NASA STI Program Office is operated by Langley Research Center, the lead center for NASA's scientific and technical information. The NASA STI Program Office provides access to the NASA STI Database, the largest collection of aeronautical and space science STI in the world. The Program Office is also NASA's institutional mechanism for disseminating the results of its research and development activities. These results are published by NASA in the NASA STI Report Series, which includes the following report types:

- TECHNICAL PUBLICATION. Reports of completed research or a major significant phase of research that present the results of NASA programs and include extensive data or theoretical analysis. Includes compilations of significant scientific and technical data and information deemed to be of continuing reference value. NASA's counterpart of peer-reviewed formal professional papers but has less stringent limitations on manuscript length and extent of graphic presentations.

- TECHNICAL MEMORANDUM. Scientific and technical findings that are preliminary or of specialized interest, e.g., quick release reports, working papers, and bibliographies that contain minimal annotation. Does not contain extensive analysis.

- CONTRACTOR REPORT. Scientific and technical findings by NASA-sponsored contractors and grantees.

- CONFERENCE PUBLICATION. Collected papers from scientific and technical conferences, symposia, seminars, or other meetings sponsored or cosponsored by NASA.

- SPECIAL PUBLICATION. Scientific, technical, or historical information from NASA programs, projects, and mission, often concerned with subjects having substantial public interest.

- TECHNICAL TRANSLATION. English-language translations of foreign scientific and technical material pertinent to NASA's mission.

Specialized services that complement the STI Program Office's diverse offerings include creating custom thesauri, building customized databases, organizing and publishing research results ... even providing videos.

For more information about the NASA STI Program Office, see the following:

- Access the NASA STI Program Home Page at http://www.sti.nasa.gov/STI-homepage.html

- E-mail your question via the Internet to help@sti.nasa.gov

- Fax your question to the NASA Access Help Desk at (301) 621-0134

- Telephone the NASA Access Help Desk at (301) 621-0390

- Write to:
  NASA Access Help Desk
  NASA Center for AeroSpace Information
  7115 Standard Drive
  Hanover, MD 21076–1320

NASA/TP—2008–214169

Total Solar Eclipse of 2009 July 22

F. Espenak
NASA Goddard Space Flight Center, Greenbelt, Maryland

J. Anderson
Royal Astronomical Society of Canada, Winnipeg, Manitoba

National Aeronautics and
Space Administration

Goddard Space Flight Center
Greenbelt, Maryland 20771

March 2008

Available from:

NASA Center for AeroSpace Information
7115 Standard Drive
Hanover, MD 21076-1320

National Technical Information Service
5285 Port Royal Road
Springfield, VA 22161

F. Espenak and J. Anderson

Preface

This work is the twelfth in a series of NASA publications containing detailed predictions, maps, and meteorological data for future total and annular solar eclipses of interest. Published as part of NASA's Technical Publication (TP) series, the eclipse bulletins are prepared in cooperation with the Working Group on Eclipses of the International Astronomical Union and are provided as a public service to both the professional and lay communities, including educators and the media. In order to allow a reasonable lead time for planning purposes, eclipse bulletins are published 18 to 24 months before each event.

Single copies of the bulletins are available at no cost by sending a 9 × 12 inch self-addressed stamped envelope with postage for 12 oz. (340 g). Detailed instructions and an order form can be found at the back of this publication.

The 2009 bulletin uses the World Data Bank II (WDBII) mapping database for the path figures. WDBII outline files were digitized from navigational charts to a scale of approximately 1:3,000,000. The database is available through the *Global Relief Data CD-ROM* from the National Geophysical Data Center. The highest detail eclipse maps are constructed from the Digital Chart of the World (DCW), a digital database of the world developed by the U.S. Defense Mapping Agency (DMA). The primary sources of information for the geographic database are the Operational Navigation Charts (ONC) and the Jet Navigation Charts (JNC). The eclipse path and DCW maps are plotted at a scale of 1:3,000,000 to 1:6,000,000 in order to show roads, cities and villages, and lakes and rivers, making them suitable for eclipse expedition planning. Place names are from the World Gazetteer at <http://www.world-gazetteer.com/>.

The geographic coordinates database includes over 90,000 cities and locations. This permits the identification of many more cities within the umbral path and their subsequent inclusion in the local circumstances tables. Many of these locations are plotted in the path figures when the scale allows. The source of these coordinates is Rand McNally's *The New International Atlas*. A subset of these coordinates is available in digital form, which has been augmented with population data.

The bulletins have undergone a great deal of change since their inception in 1993. The expansion of the mapping and geographic coordinates databases have improved the coverage and level of detail. This renders them suitable for the accuracy required by scientific eclipse expeditions. Some of these changes are the direct result of suggestions from the end user. Readers are encouraged to share comments and suggestions on how to improve the content and layout in subsequent editions. Although every effort is made to ensure that the bulletins are as accurate as possible, an error occasionally slips by. We would appreciate your assistance in reporting all errors, regardless of their magnitude.

We thank Dr. B. Ralph Chou for a comprehensive discussion on solar eclipse eye safety (Sect. 3.1). Dr. Chou is Professor of Optometry at the University of Waterloo with over 30 years of eclipse observing experience. As a leading authority on the subject, Dr. Chou's contribution should help dispel much of the fear and misinformation about safe eclipse viewing.

The **NASA Eclipse Web Site** provides general information on every solar and lunar eclipse occurring during the period 1901 through 2100. An online catalog also lists the date and basic characteristics of every solar and lunar eclipse from 2000 BCE through 3000 CE. The *World Atlas of Solar Eclipses* provides maps for every central solar eclipse path over the same five-millennium period. The URL of the **NASA Eclipse Web Site** is <http://eclipse.gsfc.nasa.gov/>.

In addition to the synoptic data provided by the Web site above, a special page for the 2009 total solar eclipse has been prepared: <http://eclipse.gsfc.nasa.gov/SEmono/TSE2009/TSE2009.html>. It includes supplemental predictions, figures, and maps, which are not included in the present publication.

Because the eclipse bulletins have size limits, they cannot include everything needed by every scientific investigation. Some investigators may require exact contact times, which include lunar limb effects, or times for a specific observing site not listed in the bulletin. Other investigations may need customized predictions for an aerial rendezvous, or near the path limits for grazing eclipse experiments. We would like to assist such investigations by offering to calculate additional predictions for any professionals or large groups of amateurs. Please contact Fred Espenak with complete details and eclipse prediction requirements.

We would like to acknowledge the valued contributions of a number of individuals who were essential to the success of this publication. The format and content of the NASA eclipse bulletins has drawn heavily upon over 40 years of eclipse *Circulars* published by the U.S. Naval Observatory. We owe a debt of gratitude to past and present staff of that institution who performed this service for so many years. The numerous publications and algorithms of Dr. Jean Meeus have served to inspire a life-long interest in eclipse prediction. Prof. Jay M. Pasachoff reviewed the manuscript and offered many helpful suggestions. As Chair of the International Astronomical Union's Working Group on Eclipses, Prof. Pasachoff maintains a general Web site at <http://www.eclipses.info> that links to many eclipse related Web sites. Dr. David Dunham and Mr. Paul Maley reviewed and updated the information about eclipse contact timings. Ms. Elaine Firestone (Goddard Publications Senior Technical Editor) meticulously reviewed the manuscript. She was responsible for the editing, two-column page layout, and for ensuring that the bulletin conforms to NASA publication standards.

Permission is freely granted to reproduce any portion of this publication, including data, figures, maps, tables, and text. All uses and/or publication of this material should be accompanied by an appropriate acknowledgment (e.g., "Reprinted from NASA's *Total Solar Eclipse of 2009 July 22*, Espenak and Anderson 2008"). We would appreciate receiving a copy of any publications where this material appears.

The names and spellings of countries, cities, and other geopolitical regions are for identification purposes only. They are not authoritative, nor do they imply any official recognition in status by the United States Government. Corrections to names, geographic coordinates, and elevations are actively solicited in order to update the database for future bulletins. All calculations, diagrams, and opinions are those of the authors and they assume full responsibility for their accuracy.

Fred Espenak
NASA Goddard Space Flight Center
Planetary Systems Laboratory, Code 693
Greenbelt, MD 20771
USA

E-mail: fred.espenak@nasa.gov

Jay Anderson
Royal Astronomical Society of Canada
189 Kingsway Ave.
Winnipeg, MB
CANADA R3M 0G4

E-mail: jander@cc.umanitoba.ca

Past and Future NASA Solar Eclipse Bulletins

NASA Eclipse Bulletin	RP #	Publication Date
Annular Solar Eclipse of 1994 May 10	1301	April 1993
Total Solar Eclipse of 1994 November 3	1318	October 1993
Total Solar Eclipse of 1995 October 24	1344	July 1994
Total Solar Eclipse of 1997 March 9	1369	July 1995
Total Solar Eclipse of 1998 February 26	1383	April 1996
Total Solar Eclipse of 1999 August 11	1398	March 1997

NASA Eclipse Bulletin	TP #	Publication Date
Total Solar Eclipse of 2001 June 21	1999-209484	November 1999
Total Solar Eclipse of 2002 December 04	2001-209990	October 2001
Annular and Total Solar Eclipses of 2003	2002-211618	October 2002
Total Solar Eclipse of 2006 March 29	2004-212762	November 2004
Total Solar Eclipse of 2008 August 01	2007-214149	March 2007
Total Solar Eclipse of 2009 July 22	2008-214169	March 2008

- - - - - - - - - - - future - - - - - - - - - - -

Total Solar Eclipse of 2010 July 11	—	2009
Total Solar Eclipse of 2012 November 13	—	2010

Table of Contents

1. ECLIPSE PREDICTIONS 1
   - 1.1 Introduction 1
   - 1.2 Umbral Path and Visibility 1
   - 1.3 Orthographic Projection Map of the Eclipse Path 2
   - 1.4 Equidistant Conic Projection Map of the Eclipse Path 2
   - 1.5 Detailed Maps of the Umbral Path 3
   - 1.6 Elements, Shadow Contacts, and Eclipse Path Tables 3
   - 1.7 Local Circumstances Tables 4
   - 1.8 Estimating Times of Second and Third Contacts 5
   - 1.9 Mean Lunar Radius 6
   - 1.10 Lunar Limb Profile 6
   - 1.11 Limb Corrections to the Path Limits: Graze Zones 8
   - 1.12 Saros History 9
2. WEATHER PROSPECTS FOR THE ECLIPSE 10
   - 2.1 Overview 10
   - 2.2 India 10
   - 2.3 China 11
   - 2.4 Offshore—The Japanese Islands 12
   - 2.5 Northwest Pacific Typhoons 12
   - 2.6 The South Pacific 13
   - 2.7 Conditions at Sea 13
   - 2.8 Getting Weather Information 13
   - 2.9 Summary 14
3. OBSERVING THE ECLIPSE 14
   - 3.1 Eye Safety and Solar Eclipses 14
   - 3.2 Sources for Solar Filters 16
   - 3.3 Eclipse Photography 16
   - 3.4 Sky at Totality 17
   - 3.5 Contact Timings from the Path Limits 18
   - 3.6 Plotting the Path on Maps 19
4. ECLIPSE RESOURCES 19
   - 4.1 IAU Working Group on Eclipses 19
   - 4.2 IAU Solar Eclipse Education Committee 19
   - 4.3 Solar Eclipse Mailing List 19
   - 4.4 NASA Eclipse Bulletins on the Internet 19
   - 4.5 Future Eclipse Paths on the Internet 20
   - 4.6 NASA Web Site for 2009 Total Solar Eclipse 20
   - 4.7 Predictions for Eclipse Experiments 20
   - 4.8 Correction to Eclipse Bulletins 21
   - 4.9 Algorithms, Ephemerides, and Parameters 21

AUTHOR'S NOTE 21
TABLES 23
FIGURES 47
ACRONYMS 72
UNITS 72
BIBLIOGRAPHY 72
- Further Reading on Eclipses 73
- Further Reading on Eye Safety 74
- Further Reading on Meteorology 74

1. Eclipse Predictions

1.1 Introduction

On Wednesday, 2009 July 22, an exceptionally long total eclipse of the Sun is visible from within a narrow corridor that traverses the Eastern Hemisphere. The path of the Moon's umbral shadow begins in India and crosses through Nepal, Bangladesh, Bhutan, Burma, and China. After leaving mainland Asia, the path crosses Japan's Ryukyu Islands and curves southeast through the Pacific Ocean where the maximum duration of totality reaches 6 min 39 s (Espenak and Anderson 2006). A partial eclipse is seen within the much broader path of the Moon's penumbral shadow, which includes most of eastern Asia, Indonesia, and the Pacific Ocean (Figures 1 and 2).

1.2 Umbral Path and Visibility

The central line of the Moon's shadow begins at 00:53 UT in India's Gulf of Khambhat (Bay of Cambay). Because the Moon passes through perigee just 4 ½ hours earlier (July 21 at 20:16 UT), its close proximity to Earth produces an unusually wide path of totality. The eclipse track is 205 km wide at its start as the umbra quickly travels east-northeast. The Sun is only 3° above the northeastern horizon when the coastal city of Surat, India (pop. ~4 million) experiences a 3 min 14 s total eclipse (Figures 3 and 6).

Racing inland, the shadow reaches Indore where its 1.8 million inhabitants are plunged into totality for 3 min 5 s. At mid-eclipse (00:53:30 UT), the Sun hangs a mere 6° above the horizon. After covering 700 km along the central line in the first 39 seconds of its 3+ hour-long trajectory across our planet, the umbra's ground speed is rapidly decelerating. Nevertheless, with a velocity of 8.9 km/s, it still exceeds the speed of sound (1230 km/h) by a factor of 26 times.

Bhopal (pop. 1.5 million) lies 40 km north of the central line. Even at this distance, it succumbs to 3 min 9 s of the total phase, just 19 s less than the maximum duration at the path's center (Figure 7). By 00:55 UT, the umbra is in central India where it stretches diagonally across 2/3 of the country. Due to the Sun's low altitude, the shadow is a highly elongated ellipse with a major axis of ~1000 km, nearly 5 times its minor axis.

Approximately 400 km north of the path, the Taj Mahal in Agra experiences a deep partial eclipse of magnitude 0.906 at 00:56 UT. Just three minutes into its course, the path width is 218 km while the shadow's velocity drops to 3.8 km/s. On the central line, the Sun stands 14° above the horizon during the 3 min 45 s total phase. Varanasi and Pata both lie within the shadow's path as the central line crosses the sacred Ganges River (Figure 8). About 500 km to the southeast, the populace of Kolkata (Calcutta, pop. ~4.5 million) can view a partial eclipse of magnitude 0.911.

Eastern India narrows to a 25-km-wide corridor as it squeezes between Nepal and Bangladesh. The shadow reaches this region at 00:58 UT. Outside the path, Kathmandu experiences a partial eclipse of magnitude 0.962, while Dacca witnesses a 0.930 magnitude event.

The eclipse's central line reaches Bhutan, at 00:59 UT (Figure 9). Now six minutes and 2000+ km into its trek, the path width has grown to 224 km, the ground velocity is 2.6 km/s and the central duration exceeds 4 min. After leaving Bhutan, the track continues through India in the northeastern states of Arunachal Pradesh and Assam.

The center of the umbra reaches the India-China border at 01:05 UT (Figure 10). The Sun is now 28° high, the shadow's ground velocity is 1.8 km/s and the duration of totality is 4 min 26 s. The southern half of the umbra briefly sweeps across northern Burma (Myanmar) before the entire shadow enters China's Yunnan province and the Tibet Autonomous Region.

The lunar shadow runs through the middle of Sichuan province where the capital city of Chengdu (pop. ~2.3 million) is totally eclipsed for 3 min 16 s at 01:13 UT (Figures 4 and 11). On the central line 88 km to the south, the duration is 4 min 52 s. The urban center of the Chongqing municipality is 69 km south of the central line (Figure 12), but its ~4.1 million inhabitants still share a totality lasting 4 min 06 s (01:15 UT). Because all of China is in one time zone (UT + 8 h), UT times and can be converted to local Chinese time by adding 8 hours.

Hubei province's capital Wuhan (pop. ~ 9.7 million) is the fourth largest city in China. It lies just 20 km south of the central line and enjoys a duration of 5 min 25 s at 01:27 UT (Figure 13). The Sun's altitude is 48°, the path width is 244 km and the umbra's velocity is 1.0 km/s. The Yangtze River meanders through the eclipse track as the shadow proceeds east.

Hangzhou (pop. ~3.9 million), the capital of Zhejiang province, is 52 km south of the central line and witnesses a total eclipse of 5 min 19 s (01:37 UT). In spite of Hangzhou's location, only 32 s are to be gained by traveling north to the central line where the duration is 5 min 51 s (Figure 14).

Shanghai is China's largest city (pop. ~18.7 million). Located 66 km north of the central line, Shanghai still manages to receive 5 min of totality (01:39 UT). While the central line offers a total phase lasting 5 min 55 s, it is already over Hangzhou Bay and heading out to sea. The 128 islands of the Dinghai district southeast of Shanghai, make up the last Chinese land within the eclipse track (01:41 UT).

After crossing the East China Sea, the umbra encounters Japan's Ryukyu Islands (a.k.a. Nansei Islands) at 01:57 UT (Figures 5 and 15). The chain contains dozens of islands stretching across the entire eclipse path. Yakushima, the largest island in the path is near the northern limit and experiences 3 min 57 s of totality. Akuseki-shima is closest to the central line; it gets a 6 min 20 s total eclipse. To the north, Tokyo, Japan's capital city witnesses a partial eclipse of magnitude 0.747 (02:13 UT). The shadow encounters the remote Japanese islands of Iwo Jima and Kitaio Jima at approximately 02:27 UT (Figure 16). The durations of totality from the two islands are 5 min 13 s and 6 min 34 s, respectively.

The instant of greatest eclipse occurs at 02:35:19 UT (latitude 24°13′N, longitude 144°07′E) when the axis of the

Moon's shadow passes closest to the center of Earth (gamma[1] = +0.06977). The maximum duration of totality here is 6 min 39 s, the Sun's altitude is 86°, the path width is 258 km, and the umbra's velocity is 0.65 km/s.

Having already traversed 7550 km, the central line has an additional 7600 km to go until its terminus. Unfortunately, the remainder of the path makes no major landfall; it arcs southeast through the Pacific Ocean hitting only a handful of small atolls. Nearly an hour passes before the Moon's shadow reaches Enewetak Atoll in the Marshall Islands (Figure 17). Infamous for its use as a nuclear test site in the 1950s, Enewetak experiences a total eclipse with a duration of 5 min 38 s at 03:31 UT. The Sun's altitude is 57°, the path width is 254 km, and the umbra's velocity is 0.85 km/s. Several other Marshall Islands atolls are in the eclipse track including Namorik, Kili, and Jaluit.

Continuing through Kiribati (Gilbert Islands), Butaritari atoll lies near the central line (Figure 18) where the maximum duration of 4 min 48 s occurs at 03:56 UT. The eclipse track's final landfall takes place on Nikumaroro Island (Gardner Island) in Kiribati's Phoenix Island group (Figure 19). From Nikumaroro, the total phase lasts 3 min 39 s, while the central line 40 km to the south offers a duration of 3 min 58 s (04:11 UT). The Sun's altitude is 20°, the path width is 228 km and the ground speed is 2.6 km/s.

The lunar shadow once again becomes a long, drawn-out ellipse. In its final few minutes, the umbra's velocity accelerates while the Sun's altitude and the central duration decrease. As the Moon's shadow lifts off Earth and returns to space, the central line ends at 04:18 UT. Over the course of 3 h 25 min, the umbra travels along a track approximately 15,150 km long that covers 0.71% of Earth's surface area.

1.3 Orthographic Projection Map of the Eclipse Path

Figure 1 is an orthographic projection map of Earth (adapted from Espenak 1987) showing the path of penumbral (partial eclipse) and umbral (total eclipse) shadows. The daylight terminator is plotted for the instant of greatest eclipse with north at the top. The sub-Earth point is centered over the point of greatest eclipse and is indicated with an asterisk symbol. The subsolar point (Sun in zenith) at that instant is also shown.

The limits of the Moon's penumbral shadow define the region of visibility of the partial eclipse. This saddle-shaped region often covers more than half of Earth's daylight hemisphere and consists of several distinct zones or limits. At the northern and/or southern boundaries lie the limits of the penumbra's path. Partial eclipses have only one of these limits, as do central eclipses when the shadow axis falls no closer than about 0.45 radii from Earth's center. Great loops at the western and eastern extremes of the penumbra's path identify the areas where the eclipse begins and ends at sunrise and sunset, respectively. In the case of the 2009 eclipse, the penumbra has both a northern and southern limit, so that the rising and setting curves form two separate, closed loops. Bisecting the "eclipse begins and ends at sunrise and sunset" loops is the curve of maximum eclipse at sunrise (western loop) and sunset (eastern loop). The exterior tangency points $P1$ and $P4$ mark the coordinates where the penumbral shadow first contacts (partial eclipse begins) and last contacts (partial eclipse ends) Earth's surface. The path of the umbral shadow bisects the penumbral path from west to east.

A curve of maximum eclipse is the locus of all points where the eclipse is at maximum at a given time. They are plotted at each half hour in Universal Time, and generally run in a north-south direction. The outline of the umbral shadow is plotted every 10 min in Universal Time. Curves of constant eclipse magnitude[2] delineate the locus of all points where the magnitude at maximum eclipse is constant. These curves run exclusively between the curves of maximum eclipse at sunrise and sunset. Furthermore, they are quasi-parallel to the southern penumbral limit. This limit may be thought of as a curve of constant magnitude of 0.0, while the adjacent curves are for magnitudes of 0.2, 0.4, 0.6, and 0.8. The northern and southern limits of the path of total eclipse are curves of constant magnitude of 1.0.

At the top of Figure 1, the Universal Time of geocentric conjunction in ecliptic coordinates between the Moon and Sun is given (i.e., instant of New Moon) followed by the instant of greatest eclipse. The eclipse magnitude is given for greatest eclipse. It is equivalent to the geocentric ratio of diameters of the Moon and Sun. Gamma is the minimum distance of the Moon's shadow axis from Earth's center in units of equatorial Earth radii. Finally, the Saros series number of the eclipse is given along with its relative sequence in the series.

1.4 Equidistant Conic Projection Maps of the Eclipse Path

Figures 2 through 5 are maps using an equidistant conic projection chosen to minimize distortion, and that isolate the Asian portions of the umbral path. Curves of maximum eclipse are plotted and labeled at intervals of 30 min while curves of constant eclipse magnitude appear at intervals of 0.1 magnitudes (0.2 magnitudes for Figure 2). A linear scale is included for estimating approximate distances (in kilometers). Within the northern and southern limits of the path of totality, the outline of the umbral shadow is plotted at intervals of 10 min. The Universal Time, the duration of totality (in minutes and seconds), and the Sun's altitude are given at mid-eclipse for each shadow position.

---

1. Gamma is the perpendicular distance of the Moon's shadow axis from Earth's center in units of equatorial Earth radii. It is measured when the distance to the geocenter reaches a minimum (i.e., instant of greatest eclipse).

2. Eclipse magnitude is defined as the fraction of the Sun's diameter occulted by the Moon. It is strictly a ratio of diameters and should not be confused with eclipse obscuration, which is a measure of the Sun's surface *area* occulted by the Moon. Eclipse magnitude is usually expressed as a decimal fraction (e.g., 0.50 for 50%).

1.5 Detailed Maps of the Umbral Path

The path of totality is plotted on a series of detailed maps appearing in Figures 6 to 19. The maps were chosen to isolate small regions of the eclipse path over the entire land portion of the track and to include ocean sections containing islands. Curves of maximum eclipse are plotted at 5 min intervals along the path and labeled with the Universal Time, the central line duration of totality, and the Sun's altitude. The maps are constructed from the Digital Chart of the World (DCW), a digital database of the world developed by the U.S. Defense Mapping Agency (DMA). The primary sources of information for the geographic database are the Operational Navigation Charts (ONC) and the Jet Navigation Charts (JNC) developed by the DMA.

The scale of the detailed maps varies from map to map depending partly on the population density and accessibility. The scale of each map is as follows:

Figure 6	1:3,160,000
Figures 7 to 16	1:3,000,000
Figures 17 to 19	1:6,000,000

The scale of the maps is adequate for showing the roads, villages, and cities required for eclipse expedition planning. The DCW database used for the maps was developed in the 1980s and contains place names in use during that period. Whenever possible, the DCW place names have been replaced with current names in use from the World Gazetteer at <http://www.world-gazetteer.com/>.

While Tables 1 to 6 deal with eclipse elements and specific characteristics of the path, the northern and southern limits, as well as the central line of the path, are plotted using data from Table 7. Although no corrections have been made for center of figure or lunar limb profile, they have no observable effect at this scale. Atmospheric refraction has not been included, as it plays a significant role only at very low solar altitudes. The primary effect of refraction is to shift the path opposite to that of the Sun's local azimuth. This amounts to approximately 0.5° at the extreme ends, i.e., sunrise and sunset, of the umbral path. In any case, refraction corrections to the path are uncertain because they depend on the atmospheric temperature-pressure profile, which cannot be predicted in advance. A special feature of the maps are the curves of constant umbral eclipse duration, i.e., totality, which are plotted within the path at 1 min increments. These curves permit fast determination of approximate durations without consulting any tables.

Major highways are delineated in dark broad lines, but secondary and soft-surface roads are not distinguished, so caution should be used in this regard. If observations from the graze zones are planned, then the zones of grazing eclipse must be plotted on higher scale maps using coordinates in Table 8. See Sect. 3.6 "Plotting the Path on Maps" for sources and more information. The paths also show the curves of maximum eclipse at 5 min increments in Universal Time. These maps are also available at the NASA Web site for the 2009 total solar eclipse: <http://eclipse.gsfc.nasa.gov/SEmono/TSE2009/TSE2009.html>.

1.6 Elements, Shadow Contacts, and Eclipse Path Tables

The geocentric ephemeris for the Sun and Moon, various parameters, constants, and the Besselian elements (polynomial form) are given in Table 1. The eclipse elements and predictions were derived from the DE200 and LE200 ephemerides (solar and lunar, respectively) developed jointly by NASA's Jet Propulsion Laboratory and the U.S. Naval Observatory for use in the *Astronomical Almanac* beginning in 1984. Unless otherwise stated, all predictions are based on center of mass positions for the Moon and Sun with no corrections made for center of figure, lunar limb profile, or atmospheric refraction. The predictions depart from normal International Astronomical Union (IAU) convention through the use of a smaller constant for the mean lunar radius k for all umbral contacts (see Sect. 1.11 "Lunar Limb Profile"). Times are expressed in either Terrestrial Dynamical Time (TDT) or in Universal Time, where the best value of ΔT (the difference between Terrestrial Dynamical Time and Universal Time) available at the time of preparation, is used.

The Besselian elements are used to predict all aspects and circumstances of a solar eclipse. The simplified geometry introduced by Bessel in 1824 transforms the orbital motions of the Sun and Moon into the position, motion, and size of the Moon's penumbral and umbral shadows with respect to a plane passing through Earth. This fundamental plane is constructed in an x–y rectangular coordinate system with its origin at Earth's center. The axes are oriented with north in the positive y direction and east in the positive x direction. The z-axis is perpendicular to the fundamental plane and parallel to the shadow axis.

The x and y coordinates of the shadow axis are expressed in units of the equatorial radius of Earth. The radii of the penumbral and umbral shadows on the fundamental plane are l_1 and l_2, respectively. The direction of the shadow axis on the celestial sphere is defined by its declination d and ephemeris hour angle μ. Finally, the angles that the penumbral and umbral shadow cones make with the shadow axis are expressed as f_1 and f_2, respectively. The details of actual eclipse calculations can be found in the *Explanatory Supplement* (Her Majesty's Nautical Almanac Office 1974) and *Elements of Solar Eclipses* (Meeus 1989).

From the polynomial form of the Besselian elements, any element can be evaluated for any time t_1 (in decimal hours) during the eclipse via the equation

$$a = a_0 + a_1 t + a_2 t^2 + a_3 t^3 \quad (1)$$

(or $a = \sum [a_n t^n]$; $n = 0$ to 3),

where $a = x, y, d, l_1, l_2,$ or μ; and $t = t_1 - t_0$ (decimal hours) and $t_0 = 3.00$ TDT.

The polynomial Besselian elements were derived from a least-squares fit to elements rigorously calculated at five separate times over a 6 h period centered at t_0; thus, the equation and elements are valid over the period $0.0 \leq t_1 \leq 6.0$ TDT.

Table 2 lists all external and internal contacts of penumbral and umbral shadows with Earth. They include TDT and geodetic coordinates with and without corrections for ΔT. The contacts are defined:

P1—Instant of first external tangency of penumbral shadow cone with Earth's limb (partial eclipse begins).
P2—Instant of first internal tangency of penumbral shadow cone with Earth's limb.
P3—Instant of last internal tangency of penumbral shadow cone with Earth's limb.
P4—Instant of last external tangency of penumbral shadow cone with Earth's limb (partial eclipse ends).
U1—Instant of first external tangency of umbral shadow cone with Earth's limb (total eclipse begins).
U2—Instant of first internal tangency of umbral shadow cone with Earth's limb.
U3—Instant of last internal tangency of umbral shadow cone with Earth's limb.
U4—Instant of last external tangency of umbral shadow cone with Earth's limb (total eclipse ends).

Similarly, the northern and southern extremes of the penumbral and umbral paths, and extreme limits of the umbral central line are given. The IAU longitude convention is used throughout this publication (i.e., for longitude, east is positive and west is negative; for latitude, north is positive and south is negative).

The path of the umbral shadow is delineated at 5 min intervals (in Universal Time) in Table 3. Coordinates of the northern limit, the southern limit, and the central line are listed to the nearest tenth of an arc minute (~185 m at the equator). The Sun's altitude, path width, and umbral duration are calculated for the central line position. Table 4 presents a physical ephemeris for the umbral shadow at 5 min intervals in Universal Time. The central line coordinates are followed by the topocentric ratio of the apparent diameters of the Moon and Sun, the eclipse obscuration (defined as the fraction of the Sun's surface area occulted by the Moon), and the Sun's altitude and azimuth at that instant. The central path width, the umbral shadow's major and minor axes, and its instantaneous velocity with respect to Earth's surface are included. Finally, the central line duration of the umbral phase is given.

Local circumstances for each central line position, listed in Tables 3 and 4, are presented in Table 5. The first three columns give the Universal Time of maximum eclipse, the central line duration of totality, and the altitude of the Sun at that instant. The following columns list each of the four eclipse contact times followed by their related contact position angles and the corresponding altitude of the Sun. The four contacts identify significant stages in the progress of the eclipse. They are defined as follows:

First Contact: Instant of first external tangency between the Moon and Sun (partial eclipse begins).
Second Contact: Instant of first internal tangency between the Moon and Sun (total eclipse begins).
Third Contact: Instant of last internal tangency between the Moon and Sun (total eclipse ends).
Fourth Contact: Instant of last external tangency between the Moon and Sun (partial eclipse ends).

The position angles **P** and **V** (where **P** is defined as the contact angle measured counterclockwise from the equatorial *north* point of the Sun's disk, and **V** is defined as the contact angle measured counterclockwise from the local *zenith* point of the Sun's disk) identify the point along the Sun's disk where each contact occurs. Second and third contact altitudes are omitted because they are always within 1° of the altitude at maximum eclipse.

Table 6 presents topocentric values from the central path at maximum eclipse for the Moon's horizontal parallax, semi-diameter, relative angular velocity with respect to the Sun, and libration in longitude. The altitude and azimuth of the Sun are given along with the azimuth of the umbral path. The northern limit position angle identifies the point on the lunar disk defining the umbral path's northern limit. It is measured counterclockwise from the equatorial north point of the Moon. In addition, corrections to the path limits due to the lunar limb profile are listed (minutes of arc in latitude). The irregular profile of the Moon results in a zone of "grazing eclipse" at each limit, which is delineated by interior and exterior contacts of lunar features with the Sun's limb. This geometry is described in greater detail in the Sect. 1.11 "Limb Corrections to the Path Limits: Graze Zones." Corrections to central line durations due to the lunar limb profile are also included. When added to the durations in Tables 3, 4, 5, and 7, a slightly shorter central total phase is predicted along the path because of several deep valleys along the Moon's eastern and western limbs.

To aid and assist in the plotting of the umbral path on large scale maps, the path coordinates are also tabulated at 1° intervals in longitude in Table 7. The latitude of the northern limit, southern limit, and central line for each longitude is tabulated to the nearest hundredth of an arc minute (~18.5 m at the equator) along with the Universal Time of maximum eclipse at the central line position. Finally, local circumstances on the central line at maximum eclipse are listed and include the Sun's altitude and azimuth, the umbral path width, and central duration of totality.

In applications where the zones of grazing eclipse are needed, Table 8 lists these coordinates at 1° intervals in longitude. The time of maximum eclipse is given at both northern and southern limits, as well as the path's azimuth. The elevation and scale factors are also given (see Sect. 1.10 "Limb Corrections to the Path Limits: Graze Zones"). Expanded versions of Tables 7 and 8 using longitude steps of 7.5′ are available at the NASA 2009 Total Solar Eclipse Web Site: <http://eclipse.gsfc.nasa.gov/SEmono/TSE2009/TSE2009.html>.

1.7 Local Circumstances Tables

Local circumstances for 275 cities; metropolitan areas; and places in Asia and the Pacific Ocean are presented in Tables 9 to 14. The tables give the local circumstances at each contact and at maximum eclipse for every location. (For partial eclipses, maximum eclipse is the instant when the greatest fraction of the Sun's diameter is occulted. For total eclipses, maximum eclipse is the instant of mid-totality.) The coordinates are listed along with the location's elevation (in meters) above sea level, if known. If the elevation is unknown (i.e., not in the database), then the local circumstances for that location are calculated at sea level. The elevation does not play a significant role in the predictions unless the location is near the umbral path limits or the Sun's altitude is relatively small (<10°).

The Universal Time of each contact is given to a tenth of a second, along with position angles **P** and **V** and the altitude of the Sun. The position angles identify the point along the Sun's disk where each contact occurs and are measured counterclockwise (i.e., eastward) from the north and zenith points, respectively. Locations outside the umbral path miss the umbral eclipse and only witness first and fourth contacts. The Universal Time of maximum eclipse (either partial or total) is listed to a tenth of a second. Next, the position angles **P** and **V** of the Moon's disk with respect to the Sun are given, followed by the altitude and azimuth of the Sun at maximum eclipse. Finally, the corresponding eclipse magnitude and obscuration are listed. For umbral eclipses (both annular and total), the eclipse magnitude is identical to the topocentric ratio of the Moon's and Sun's apparent diameters.

Two additional columns are included if the location lies within the path of the Moon's umbral shadow. The "umbral depth" is a relative measure of a location's position with respect to the central line and path limits. It is a unitless parameter, which is defined as

$$u = 1 - (2\, x/W), \qquad (2)$$

where:

u is the umbral depth,
x is the perpendicular distance from the central line in kilometers, and
W is the width of the path in kilometers.

The umbral depth for a location varies from 0.0 to 1.0. A position at the path limits corresponds to a value of 0.0, while a position on the central line has a value of 1.0. The parameter can be used to quickly determine the corresponding central line duration; thus, it is a useful tool for evaluating the trade-off in duration of a location's position relative to the central line. Using the location's duration and umbral depth, the central line duration is calculated as

$$D = d / [1 - (1 - u)^2]^{1/2}, \qquad (3)$$

where:

D is the duration of totality on the central line (in seconds),
d is the duration of totality at location (in seconds), and
u is the umbral depth.

The final column gives the duration of totality. The effects of refraction have not been included in these calculations, nor have there been any corrections for center of figure or the lunar limb profile.

Locations were chosen based on general geographic distribution, population, and proximity to the path. The primary source for geographic coordinates is *The New International Atlas* (Rand McNally 1991). Elevations for major cities were taken from *Climates of the World* (U.S. Dept. of Commerce, 1972). In this rapidly changing political world, it is often difficult to ascertain the correct name or spelling for a given location; therefore, the information presented here is for location purposes only and is not meant to be authoritative. Furthermore, it does not imply recognition of status of any location by the United States Government. Corrections to names, spellings, coordinates, and elevations should be forwarded to the authors in order to update the geographic database for future eclipse predictions.

For countries in the path of totality, expanded versions of the local circumstances tables listing additional locations are available via the NASA Web site for the 2009 total solar eclipse: <http://eclipse.gsfc.nasa.gov/SEmono/TSE2009/TSE2009.html>.

1.8 Estimating Times of Second and Third Contacts

The times of second and third contact for any location not listed in this publication can be estimated using the detailed maps (Figures 6 to 19). Alternatively, the contact times can be estimated from maps on which the umbral path has been plotted. Table 7 lists the path coordinates conveniently arranged in 1° increments of longitude to assist plotting by hand. The path coordinates in Table 3 define a line of maximum eclipse at 5 min increments in time. These lines of maximum eclipse each represent the projection diameter of the umbral shadow at the given time; thus, any point on one of these lines will witness maximum eclipse (i.e., mid-totality) at the same instant. The coordinates in Table 3 should be plotted on the map in order to construct lines of maximum eclipse.

The estimation of contact times for any one point begins with an interpolation for the time of maximum eclipse at that location. The time of maximum eclipse is proportional to a point's distance between two adjacent lines of maximum eclipse, measured along a line parallel to the central line. This relationship is valid along most of the path with the exception of the extreme ends, where the shadow experiences its largest acceleration. The central line duration of totality D and the path width W are similarly interpolated from the values of the adjacent lines of maximum eclipse as listed in Table 3. Because the location of interest probably does not lie on the central line, it is useful to have an expression for calculating the duration of totality d (in seconds) as a function of its perpendicular distance a from the central line:

$$d = D\, [1 - (2\, a/W)^2]^{1/2}, \qquad (4)$$

where:

d is the duration of totality at location (in seconds),
D is the duration of totality on the central line (in seconds),
a is the perpendicular distance from the central line (in kilometers), and
W is the width of the path (kilometers).

If t_m is the interpolated time of maximum eclipse for the location, then the approximate times of second and third contacts (t_2 and t_3, respectively) follow:

Second Contact: $\quad t_2 = t_m - d/2;\quad$ (5)
Third Contact: $\quad t_3 = t_m + d/2.\quad$ (6)

The position angles of second and third contact (either **P** or **V**) for any location off the central line are also useful in some applications. First, linearly interpolate the central line position angles of second and third contacts from the values of the adjacent lines of maximum eclipse as listed in Table 5. If X_2 and X_3 are the interpolated central line position angles of second and third contacts, then the position angles x_2 and x_3 of those contacts for an observer located a kilometers from the central line are

Second Contact: $\quad x_2 = X_2 - \arcsin(2\,a/W),\quad$ (7)
Third Contact: $\quad x_3 = X_3 + \arcsin(2\,a/W),\quad$ (8)

where:
- x_n is the interpolated position angle (either **P** or **V**) of contact n at location,
- X_n is the interpolated position angle (either **P** or **V**) of contact n on the central line,
- a is the perpendicular distance from the central line in kilometers (use negative values for locations south of the central line), and
- W is the width of the path in kilometers.

1.9 Mean Lunar Radius

A fundamental parameter used in eclipse predictions is the Moon's radius k, expressed in units of Earth's equatorial radius. The Moon's actual radius varies as a function of position angle and libration because of the irregularity in the limb profile. From 1968 to 1980, the Nautical Almanac Office used two separate values for k in their predictions. The larger value ($k=0.2724880$), representing a mean over topographic features, was used for all penumbral (exterior) contacts and for annular eclipses. A smaller value ($k=0.272281$), representing a mean minimum radius, was reserved exclusively for umbral (interior) contact calculations of total eclipses (*Explanatory Supplement*, Her Majesty's Nautical Almanac Office, 1974). Unfortunately, the use of two different values of k for umbral eclipses introduces a discontinuity in the case of hybrid (annular-total) eclipses.

In 1982, the IAU General Assembly adopted a value of $k=0.2725076$ for the mean lunar radius. This value is now used by the Nautical Almanac Office for all solar eclipse predictions (Fiala and Lukac 1983) and is currently accepted as the best mean radius, averaging mountain peaks and low valleys along the Moon's rugged limb. The adoption of one single value for k eliminates the discontinuity in the case of hybrid eclipses and ends confusion arising from the use of two different values; however, the use of even the "best" mean value for the Moon's radius introduces a problem in predicting the true character and duration of umbral eclipses, particularly total eclipses.

During a total eclipse, the Sun's disk is completely occulted by the Moon. This cannot occur so long as any photospheric rays are visible through deep valleys along the Moon's limb (Meeus et al. 1966). The use of the IAU's mean k, however, guarantees that some annular or hybrid eclipses will be misidentified as total. A case in point is the eclipse of 1986 October 03. Using the IAU value for k, the *Astronomical Almanac* identified this event as a total eclipse of 3 s duration when it was, in fact, a beaded annular eclipse. Because a smaller value of k is more representative of the deeper lunar valleys and hence, the minimum solid disk radius, it helps ensure an eclipse's correct classification.

Of primary interest to most observers are the times when an umbral eclipse begins and ends (second and third contacts, respectively) and the duration of the umbral phase. When the IAU's value for k is used to calculate these times, they must be corrected to accommodate low valleys (total) or high mountains (annular) along the Moon's limb. The calculation of these corrections is not trivial, but is necessary, especially if one plans to observe near the path limits (Herald 1983). For observers near the central line of a total eclipse, the limb corrections can be more closely approximated by using a smaller value of k, which accounts for the valleys along the profile.

This publication uses the IAU's accepted value of $k=0.2725076$ for all penumbral (exterior) contacts. In order to avoid eclipse type misidentification and to predict central durations, which are closer to the actual durations at total eclipses, this document departs from standard convention by adopting the smaller value of $k=0.272281$ for all umbral (interior) contacts. This is consistent with predictions in *Fifty Year Canon of Solar Eclipses: 1986–2035* (Espenak 1987) and *Five Millennium Canon of Solar Eclipses: -1999 to +3000* (Espenak and Meeus 2006). Consequently, the smaller k value produces shorter umbral durations and narrower paths for total eclipses when compared with calculations using the IAU value for k. Similarly, predictions using a smaller k value results in longer umbral durations and wider paths for annular eclipses than do predictions using the IAU's k value.

1.10 Lunar Limb Profile

Eclipse contact times, magnitude, and duration of totality all depend on the angular diameters and relative velocities of the Moon and Sun. Unfortunately, these calculations are limited in accuracy by the departure of the Moon's limb from a perfectly circular figure. The Moon's surface exhibits a dramatic topography, which manifests itself as an irregular limb when seen in profile. Most eclipse calculations assume some mean radius that averages high mountain peaks and low valleys along the Moon's rugged limb. Such an approximation is acceptable for many applications, but when higher accuracy is needed the Moon's actual limb profile must be considered. Fortunately, an extensive body of knowledge exists on this subject in the form of Watts's limb charts (Watts 1963). These data are the product of a photographic survey of the marginal zone of the Moon and give limb profile heights with respect to an adopted smooth reference surface (or datum).

Analyses of lunar occultations of stars by Van Flandern (1970) and Morrison (1979) showed that the average cross section of Watts's datum is slightly elliptical rather than circular. Furthermore, the implicit center of the datum (i.e., the center of figure) is displaced from the Moon's center of mass.

In a follow-up analysis of 66,000 occultations, Morrison and Appleby (1981) found that the radius of the datum appears to vary with libration. These variations produce systematic errors in Watts's original limb profile heights that attain 0.4 arcsec at some position angles, thus, corrections to Watts's limb data are necessary to ensure that the reference datum is a sphere with its center at the center of mass.

The Watts charts were digitized by Her Majesty's Nautical Almanac Office in Herstmonceux, England, and transformed to grid-profile format at the U.S. Naval Observatory. In this computer readable form, the Watts limb charts lend themselves to the generation of limb profiles for any lunar libration. Ellipticity and libration corrections may be applied to refer the profile to the Moon's center of mass. Such a profile can then be used to correct eclipse predictions, which have been generated using a mean lunar limb.

Along the 2009 eclipse path, the Moon's topocentric libration (physical plus optical) in longitude ranges from $l = +1.5°$ to $l = -0.2°$; thus, a limb profile with the appropriate libration is required in any detailed analysis of contact times, central durations, etc. A profile with an intermediate value, however, is useful for planning purposes and may even be adequate for most applications.

The lunar limb profile presented in Figure 20 includes corrections for center of mass and ellipticity (Morrison and Appleby 1981). It is generated for 01:30 UT, which corresponds to southern China near Wuhan. The Moon's topocentric libration is $l = +1.22°$, and the topocentric semi-diameters of the Sun and Moon are 944.5 and 1,015.9 arcsec, respectively. The Moon's angular velocity with respect to the Sun is 0.424 arcsec s^{-1}.

The radial scale of the limb profile in Figure 20 (at bottom) is greatly exaggerated so that the true limb's departure from the mean lunar limb is readily apparent. The mean limb with respect to the center of figure of Watts's original data is shown (dashed curve) along with the mean limb with respect to the center of mass (solid curve). Note that all the predictions presented in this publication are calculated with respect to the latter limb unless otherwise noted. Position angles of various lunar features can be read using the protractor marks along the Moon's mean limb (center of mass). The position angles of second and third contact are clearly marked, as are the north pole of the Moon's axis of rotation and the observer's zenith at mid-totality. The dashed line with arrows at either end identifies the contact points on the limb corresponding to the northern and southern limits of the path. To the upper left of the profile, are the Sun's topocentric coordinates at maximum eclipse. They include the right ascension (*R.A.*), declination (*Dec.*), semi-diameter (*S.D.*), and horizontal parallax (*H.P.*) The corresponding topocentric coordinates for the Moon are to the upper right. Below and left of the profile are the geographic coordinates of the central line at 01:30 UT, while the times of the four eclipse contacts at that location appear to the lower right. The limb-corrected times of second and third contacts are listed with the applied correction to the center of mass prediction.

Directly below the limb profile are the local circumstances at maximum eclipse. They include the Sun's altitude and azimuth, the path width, and central duration. The position angle of the path's northern-to-southern limit axis is *PA(N.Limit)* and the angular velocity of the Moon with respect to the Sun is *A.Vel.(M:S)*. At the bottom left are a number of parameters used in the predictions, and the topocentric lunar librations appear at the lower right.

In investigations where accurate contact times are needed, the lunar limb profile can be used to correct the nominal or mean limb predictions. For any given position angle, there will be a high mountain (annular eclipses) or a low valley (total eclipses) in the vicinity that ultimately determines the true instant of contact. The difference, in time, between the Sun's position when tangent to the contact point on the mean limb and tangent to the highest mountain (annular) or lowest valley (total) at actual contact is the desired correction to the predicted contact time. On the exaggerated radial scale of Figure 16, the Sun's limb can be represented as an epicyclic curve that is tangent to the mean lunar limb at the point of contact and departs from the limb by h through

$$h = S(m-1)(1-\cos[C]), \qquad (9)$$

where:
  h is the departure of Sun's limb from mean lunar limb,
  S is the Sun's semi-diameter,
  m is the eclipse magnitude, and
  C is the angle from the point of contact.

Herald (1983) takes advantage of this geometry in developing a graphic procedure for estimating correction times over a range of position angles. Briefly, a displacement curve of the Sun's limb is constructed on a transparent overlay by way of equation (9). For a given position angle, the solar limb overlay is moved radially from the mean lunar limb contact point until it is tangent to the lowest lunar profile feature in the vicinity. The solar limb's distance **d** (in arc seconds) from the mean lunar limb is then converted to a time correction δ by

$$\delta = dv \cos[X - C], \qquad (10)$$

where:
  δ is the correction to contact time (in seconds),
  d is the distance of solar limb from Moon's mean limb (in arc seconds),
  v is the angular velocity of the Moon with respect to the Sun (arc seconds per second),
  X is the central line position angle of the contact, and
  C is the angle from the point of contact.

This operation may be used for predicting the formation and location of Baily's beads. When calculations are performed over a large range of position angles, a contact time correction curve can then be constructed.

Because the limb profile data are available in digital form, an analytical solution to the problem is possible that is quite straightforward and robust. Curves of corrections to the times of second and third contact for most position angles have been computer generated and are plotted in Figure 20. The circular protractor scale at the center represents the nominal contact time using a mean lunar limb. The departure of the contact correction curves from this scale graphically illustrates the time correction to the mean predictions for any position angle as a result of the Moon's true limb profile. Time corrections external to the circular scale are added to the mean contact time; time corrections internal to the protractor are subtracted from the mean contact time. The magnitude of the time correction at a given position angle is measured using any of the four radial scales plotted at each cardinal point. For example, Table 10 gives the following data for Hangzhou, China:

Second Contact = 01:34:16.7 UT $P_2 = 134°$, and
Third Contact   = 01:39:35.8 UT $P_3 = 264°$.

Using Figure 20, the measured time corrections and the resulting contact times are

$C_2 = -3.0$ s;
Second Contact = 01:34:16.7 −3.0 s = 01:34:13.7 UT, and

$C_3 = +1.2$ s;
Third Contact = 01:39:35.8 +1.0 s = 01:39:37.0 UT.

The above corrected values are within 0.2 s of a rigorous calculation using the true limb profile.

1.11 Limb Corrections to the Path Limits: Graze Zones

The northern and southern umbral limits provided in this publication were derived using the Moon's center of mass and a mean lunar radius. They have not been corrected for the Moon's center of figure or the effects of the lunar limb profile. In applications where precise limits are required, Watts's limb data must be used to correct the nominal or mean path. Unfortunately, a single correction at each limit is not possible because the Moon's libration in longitude and the contact points of the limits along the Moon's limb each vary as a function of time and position along the umbral path. This makes it necessary to calculate a unique correction to the limits at each point along the path. Furthermore, the northern and southern limits of the umbral path are actually paralleled by a relatively narrow zone where the eclipse is neither penumbral nor umbral. An observer positioned here will witness a slender solar crescent that is fragmented into a series of bright beads and short segments whose morphology changes quickly with the rapidly varying geometry between the limbs of the Moon and the Sun. These beading phenomena are caused by the appearance of photospheric rays that alternately pass through deep lunar valleys and hide behind high mountain peaks, as the Moon's irregular limb grazes the edge of the Sun's disk.

The geometry is directly analogous to the case of grazing occultations of stars by the Moon. The graze zone is typically 5–10 km wide and its interior and exterior boundaries can be predicted using the lunar limb profile. The interior boundaries define the actual limits of the umbral eclipse (both total and annular) while the exterior boundaries set the outer limits of the grazing eclipse zone.

Table 6 provides topocentric data and corrections to the path limits due to the true lunar limb profile. At 5 min intervals, the table lists the Moon's topocentric horizontal parallax, semi-diameter, relative angular velocity with respect to the Sun, and lunar libration in longitude. The Sun's central line altitude and azimuth is given, followed by the azimuth of the umbral path. The position angle of the point on the Moon's limb, which defines the northern limit of the path, is measured counterclockwise (i.e., eastward) from the equatorial north point on the limb. The path corrections to the northern and southern limits are listed as interior and exterior components in order to define the graze zone. Positive corrections are in the northern sense, while negative shifts are in the southern sense. These corrections (minutes of arc in latitude) may be added directly to the path coordinates listed in Table 3. Corrections to the central line umbral durations due to the lunar limb profile are also included and they are all negative; thus, when added to the central durations given in Tables 3, 4, 5, and 7, a slightly shorter central total phase is predicted. This effect is due to several deep valleys along the Moon's eastern and western limbs for the predicted libration during the 2009 eclipse.

Detailed coordinates for the zones of grazing eclipse at each limit along the path are presented in Table 8. Given the uncertainties in the Watts data, these predictions should be accurate to ±0.3 arcsec. (The interior graze coordinates take into account the deepest valleys along the Moon's limb, which produce the simultaneous second and third contacts at the path limits; thus, the interior coordinates that define the true edge of the path of totality.) They are calculated from an algorithm that searches the path limits for the extreme positions where no photospheric beads are visible along a ±30° segment of the Moon's limb, symmetric about the extreme contact points at the instant of maximum eclipse. The exterior graze coordinates are arbitrarily defined and calculated for the geodetic positions where an unbroken photospheric crescent of 60° in angular extent is visible at maximum eclipse.

In Table 8, the graze zone latitudes are listed every 1° in longitude (at sea level) and include the time of maximum eclipse at the northern and southern limits, as well as the path's azimuth. To correct the path for locations above sea level, *Elev Fact* (elevation factor) is a multiplicative factor by which the path must be shifted north or south perpendicular to itself, i.e., perpendicular to path azimuth, for each unit of elevation (height) above sea level.

The elevation factor is the product, $\tan(90-A) \times \sin(D)$, where A is the altitude of the Sun, and D is the difference between the azimuth of the Sun and the azimuth of the limit line, with the sign selected to be positive if the path should be shifted north with positive elevations above sea level. To calculate the shift, a location's elevation is multiplied by the elevation factor value. Negative values (usually the case for eclipses in the Northern Hemisphere) indicate that the path must be shifted south. For instance, if one's elevation is 1000 m above sea level and the elevation factor value is −0.50, then the shift is −500 m (= 1000 m × −0.50); thus, the observer must shift the path coordinates 500 m in a direction perpendicular to the path and in a negative or southerly sense.

The final column of Table 8 lists the *Scale Fact* (in kilometers per arc second). This scaling factor provides an indication of the width of the zone of grazing phenomena, because of the topocentric distance of the Moon and the projection geometry of the Moon's shadow on Earth's surface. Because the solar chromosphere has an apparent thickness of about 3 arcsec, and assuming a scaling factor value of 1.75 km arcsec^{-1}, then the chromosphere should be visible continuously during totality for any observer in the path who is within 5.2 km (=1.75 × 3) of each interior limit. The most dynamic beading phenomena, however, occurs within 1.5 arcsec of the Moon's limb. Using the above scaling factor, this translates to the first 2.6 km inside the interior limits, but observers should position themselves at least 1 km inside the interior limits (south of the northern interior limit or north of the southern interior limit) in order to ensure that they are inside the path because of small uncertainties in Watts's data and the actual path limits.

For applications where the zones of grazing eclipse are needed at a higher frequency of longitude interval, tables of coordinates every 7.5′ in longitude are available via the NASA Web site for the 2009 total solar eclipse: <http://eclipse.gsfc.nasa.gov/SEmono/TSE2009/TSE2009.html>.

1.12 Saros History

The periodicity and recurrence of solar (and lunar) eclipses is governed by the Saros cycle, a period of approximately 6,585.3 d (18 yr 11 d 8 h). When two eclipses are separated by a period of one Saros, they share a very similar geometry. The eclipses occur at the same node with the Moon at nearly the same distance from Earth and at the same time of year. Thus, the Saros is useful for organizing eclipses into families or series. Each series typically lasts 12 or 13 centuries and contains 70 or more eclipses.

The total eclipse of 2009 is the 37th member of Saros series 136 (Table 15), as defined by van den Bergh (1955). All eclipses in an even numbered Saros series occur at the Moon's descending node and the Moon moves northward with each succeeding member in the family (i.e., gamma increases). Saros 136 is a vigorous series in the prime of its life. The series began with a small partial eclipse visible off the coast of Antarctica on 1360 Jun 14. After seven more partial eclipses, each of increasing magnitude, the first umbral eclipse occurred on 1504 Sep 08. This event was a central annular eclipse of short duration that was visible from Antarctica and the South Pacific Ocean.

The next five members of Saros 136 were all annular eclipses; the duration of annularity steadily decreased with each eclipse as the Moon passed progressively closer to Earth.

The character of the series changed to hybrid (also called annular-total) with the eclipse of 1612 Nov 22. The nature of such an eclipse switches from annular to total or vice versa along different portions of the track. This dual nature arises due to the curvature of Earth's surface, which brings the middle part of the path into the umbra (total eclipse) while other, more distant segments remain within the antumbral shadow (annular eclipse). Hybrid eclipses are rather rare and account for only 4.8% of the 11,898 solar eclipses occurring during the 5-millennium period from −1999 to +3000 (Espenak and Meeus 2006).

Detailed calculations reveal that the 1612 hybrid eclipse did not actually have a total phase. At greatest eclipse the Sun and Moon subtended virtually the same angular diameter, so the Moon's irregular profile produced in a beaded annularity not unlike the solar eclipse of 1986 Oct 03 (Espenak 1987). Beginning with the eclipse of 1630 Dec 04, the following five events were true hybrids with increasing durations of totality. The last of the hybrids in this group occurred on 1703 Jan 17. It is interesting to note that the entire path was total except for the final ~1500 km which was annular. In comparison, most hybrid eclipses are annular at both ends of their paths.

The first purely total eclipse of the series occurred on 1721 Jan 27 and had a maximum duration of 1 min 07 s. The central track extended from the South Pacific to the South Atlantic, crossing southernmost South America in the process. Succeeding eclipses in the series had increasingly longer durations as the paths shifted north. The total eclipse of 1811 Mar 24 had a maximum duration of 3 min 27 s, while the eclipse of 1901 May 18 was nearly twice as long at 6 min 29 s.

Throughout the 20th century, Saros 136 continued to produce exceptionally long total eclipses with tracks passing across the equator (Espenak 1987). The eclipse of 1919 May 29 is particularly noteworthy because it was the first eclipse used to measure the gravitational deflection of starlight by the Sun as predicted by Einstein's general theory of relativity (Dyson, Eddington, and Davidson 1920; Crelinsten 2006).

On 1937 Jun 08, the central line duration exceeded 7 min for the first time for any total eclipse since 1098 CE. Unfortunately, most of the path was over the Pacific Ocean. The following eclipse (1955 Jun 20) was 4 s longer with a maximum duration of 7 min 08 s. Its track crossed Sri Lanka, Southeast Asia, and the Philippines. This event marked the maximum duration of all total eclipses belonging to Saros 136.

Subsequent members in the series are shorter as the Moon recedes farther from perigee. Nevertheless, Saros 136 will continue to produce long eclipses for some time to come. The first successor to the 1955 eclipse occurred on 1973 Jun 30 and lasted 7 min 4 s from North Africa. It was followed by the total eclipse of 1991 Jul 11 with a duration of 6 min 53 s and a path through Hawaii, Mexico, and Central and South America (Espenak 1989a). This event was the last total eclipse visible from the United States (i.e., Hawaii) until 2017.

In comparison, the 2009 eclipse has a maximum duration of 6 min 39 s although it occurs in the Pacific Ocean. The next eclipse in the series is on 2027 Aug 02 and lasts a maximum of 6 min 23 s. Its path crosses North Africa along the Mediterranean coast. The total eclipse of 2045 Aug 12 (duration 6 min 06 s) is noteworthy because its track passes over the United States from northern California to central Florida where the event will be witnessed by millions of people.

The paths of successive eclipses have steadily shifted north, but this trend reverses starting with the total eclipse of 2063 Aug 24. The retrograde effect is due to the inclination of Earth's axis as the date of each eclipse shifts ~11 days forward through the fall–winter season. The temporary downward shift is the result of the tipping of Earth's Northern Hemisphere away from the Sun, which is greater than the northern shift of the Moon with respect to the node. Nearly two centuries later, the path resumes its northern shift with the eclipse of 2243 Dec 12. By this time, the maximum duration of totality has dropped to 3 min 30 s.

The series continues to produce total eclipses for two more centuries as the duration of totality gradually dwindles. The last total eclipse occurs on 2496 May 13 and has a maximum duration of 1 min 2 s. The final seven eclipses in Saros 136 are all partial events visible from the Northern Hemisphere. The series terminates with a partial eclipse visible primarily from eastern Siberia on 2622 Jul 30.

In summary, Saros series 136 includes 71 eclipses. It begins with 8 partials, followed by 6 annulars, 6 hybrids, and 44 totals. It ends with a string of seven partial eclipses. From start to finish, the series spans a period of 1262 years. The NASA Saros 136 catalog has more details and maps for this series: <http://eclipse.gsfc.nasa.gov/SEsaros/SEsaros136.html>.

2. Weather Prospects for the Eclipse

2.1 Overview

Summer—Northern Hemisphere summer—is the wet, monsoon season across the subtropics, from Africa to India to Asia. Wet means high humidity, instability, and numerous thunderstorms that bring high levels of cloudiness. Wet also means that eclipse-seekers will have to accept lower probabilities of success than in recent eclipses—and this is a 6-minute-plus eclipse—the longest of the 21st century.

It is not all gloomy news, however. There are places tucked away along the path of the Moon's shadow that promise a little more sunshine than the rest and there are strategies to improve the odds.

Monsoons—the term means "seasonal wind"—are caused by the heating of the land by the high summer Sun. Heating warms the atmosphere and creates a land-based low that draws air inland from the warm subtropical waters. In India, the flow is from the Arabian Sea and the Indian Ocean. In China, the flow is from Southeast Asia and the South China Sea. Over India, the monsoon flow extends northward to the slopes of the Himalayas, but in China and Japan, it pushes up against the cooler, drier, polar air from the north. This creates a broad frontal zone that moves back and forth over the Chinese mainland in response to forcing from larger weather patterns.

The frontal band is known as the "mei-yu" front in China and the "baiu" or "tsuyu" in Japan—rainy-season fronts, in effect. By mid-July, the tsuyu has begun to weaken over Japan, but the mei-yu retains its identity and structure in China, typically lying over the Yangtze valley in July and August. On most days, the mei-yu can be seen in satellite photos angling across inland China, or straddling the coast, bringing broken-to-overcast cloudiness to regions under its influence. When waves of low-pressure move along the front, cloudiness increases and steady rains can be expected, occasionally with flooding. Away from the mei-yu, skies are dotted with convective clouds that frequently grow into afternoon thunderstorms, though still offering better chances of seeing the eclipse than sites along the front.

With or without the presence of the mei-yu front, the eclipse path is embedded in a humid and unstable airmass from India to the Cook Islands. Most North American and European travelers will find the humidity oppressive and energy sapping on the continents, with dew points in the mid-20s Celsius. Rain is often welcome, as it cools the air in spite of the 100% humidity that it brings. Air conditioning is eagerly sought as an oasis of cool in the sultry tropical heat.

In India and China, summer is also the season for tropical storms with typhoons in the Pacific and cyclones in the Bay of Bengal. Only the sections of the eclipse path over the Himalayas, deep in inland China, or along the equator are completely immune from the possibility of an encounter with these rotating storms. The typhoon season in India is typically in a mid-season quiet period during the eclipse.

Once the eclipse path moves away from the Asian mainland, it drops sharply southeastward toward the equator. Weather patterns are now under the control of Earth's large circulation systems: the belt of subtropical highs near 30° north latitude; the easterly trade winds that occupy the zone south of the highs; and the region of cloudiness that marks the Intertropical Convergence Zone, about 5° north of the equator. These zones each have their own characteristic cloud patterns, and so the eclipse path alternately moves through regions of high and low cloudiness, some of which offer good viewing prospects.

2.2 India

With the monsoon season at its height, sunny weather is in short supply over India. Most days see thunderstorms and showers forming along the eclipse track, building to an afternoon maximum as the Sun warms the ground each afternoon, or responding to upper atmospheric triggers to bring nighttime lightning and rain. The weather is tumultuous, with few safe havens for eclipse viewing. The modest refuges that can be found are tucked behind chains of hills that block some of the humid monsoon flow.

At Mumbai, prevailing winds are from the west-to-southwest, bringing moist air and uncomfortable ~25°C dew points (Table 16) onshore from the Arabian Sea. Relative humidities in this muggy air average 85%, when combined with typical eclipse-hour temperatures of 27°C. Clear skies are almost entirely unknown in this season—and the frequency of broken-to-overcast cloud averages more than 92%. It is clear that the west coast of India has poor prospects for viewing this eclipse.

Figure 21 reveals that the mean cloudiness at Mumbai is actually lower than sites farther inland, in spite of the discouraging statistics quoted above. Some of this is due to Mumbai's coastal location where cooler temperatures and occasional sea breezes combine to slightly limit the daily cloudiness. At Bhopal, the frequency of overcast skies (Table 17) reaches nearly 50%, but a lower frequency of broken cloud, and even a 0.5 % frequency of clear skies combine to give the city an average cloudiness similar to Mumbai. Dew points tend to be lower (22°C) but temperatures follow suit, and so there is no relief from the high humidity.

Observers in India will have to make the best of an unfortunate lot. The satellite observations of cloudiness compiled in Figure 21 show a minimum in the central line cloud cover just east of Patna. This region, along the Ganges River, lies north of the 700-meter-high Chota Nagpur Plateau. The air descending from the plateau to the Ganges warms and dries slightly to bring a small decrease in cloudiness. According to satellite data, the mean cloudiness drops from ~77% at Allahabad, to 63% in the minimum east of Patna. These are not promising numbers, but they are the best to be had for July. Ground observations are not so optimistic, but they do show a minimum cloudiness of 71% in Varanasi, about 200 km upstream from Patna. A separate measurement, the percent of possible sunshine, clearly shows the suitability of a location at Patna. The 48% recorded there is higher than any other in India. The percent of possible sunshine is the statistic that best represents the true likelihood of seeing the eclipse.

Despite the trend to sunnier skies near Patna, the humidity in the atmosphere has the same high values already noted at Mumbai and Bhopal. The average dew point at eclipse time is 26°C in Patna, which, combined with the usual temperature of 28°C, gives a relative humidity of 91%. This sultry weather, in India and in China, will be a tough challenge for those used to drier climates.

Beyond Patna, the eclipse path heads northeastward, crossing parts of Nepal, Bangladesh, and Bhutan, all the while running along the southern slopes of the Himalayas. Winds flowing up the valley of the Brahmaputra River bring the monsoon air up against a steadily rising terrain, squeezed by the convergence of higher ground to the south and north. The resulting adiabatic cooling quickly saturates the airmass, creating a region with the world's highest rainfalls (near Cherrapunji, south of the eclipse track), with over 11 m of precipitation each year.

This region is the cloudiest along the entire track, with average cloud amount near Gauhati reaching over 85% in the satellite data, and the amount of possible sunshine falling to a meager 29%. Dibrugarh, at the head of the valley of the Brahmaputra, has an average cloudiness of 86% according to surface-based cloud observations.

In India, cyclones are a possibility from April to November, but the period from June to August tends to have little activity and the storms are usually weaker than those earlier or later. Cyclones bring a considerable amount of moisture and cloud, but those are already in abundant supply and so it would be very bad luck indeed, if one of these storms were to be a significant factor on eclipse day.

2.3 China

Past Dibrugarh, the central line moves into the mountainous terrain that separates India and China. Peaks in the region reach above 7,000 m and transportation is difficult and limited. Weather observations are few in number, but the satellite-based cloud observations show a zigzag series of ups and downs in the average cloud amount where the path crosses between the two countries. Each rise correlates with the windward-facing slope of the terrain, while declines in cloudiness are found in valleys on the leeward side. There is a general downturn to the average cloud amount from its peak in India, but cloudiness does not drop below 60% until the track has departed the higher mountains and begun its journey across the plains of China at Chengdu and Leshan.

China has its own monsoon flow, separate from that of India because of the barrier imposed by the Plateau of Tibet that arcs along its western border. Instead, winds bring moisture into China from the south and east, and so the west side of the higher terrain, where winds flow down hill, is favored with sunnier skies.

Figure 21 shows a decline in cloudiness to between 50% and 60% at Chengdu and Chongqing—a value that remains more or less constant across the rest of the eclipse path through China. Both these cities lie in the Yangtze River basin and so the descending monsoon air warms and dries as it moves into the valley. Between Chongqing and Yichan, the cloudiness climbs about 10% as the track moves across the 2000-m to 3000-m peaks of the Fangdou Shan.

Once across the Fangdou Shan, the eclipse path descends once again into the lush lowlands surrounding Wuhan. Space-based cloud observations show that Wuhan has sunshine prospects slightly lower than Chongqing, but surface-based observations give it the nod as the most promising inland site in China. Average cloud cover derived from local weather records (Table 17) is a discouraging 61%, one of the best in China, but is high compared to cloud amounts at recent eclipses in other parts of the globe.

Wuhan's biggest advantage over sunnier sites near the coast is the lower amount of haze and pollution. The city is relatively compact, but open sites in the countryside have to be sought out, as the area is extensively agricultural and sites for large groups are at a premium. The central line of the eclipse passes through the airport, so that sites within the city proper may be quite suitable, and Wuhan has a good assortment of public parks and waterside enclaves. It is an area well worth exploring for an eclipse site, as the cleaner skies compared to sites near Shanghai will allow the distant corona to stand out more clearly against the sky.

East of Wuhan, the eclipse track crosses 1000-m peaks of the Dabie Shan and descends onto the coastal plain to Shanghai and Hangzhou. Cloud amounts bump upward over the Shan, but then cloud percentages settle into the mid-50s on the plain, marking the best that China has to offer. It is a grimy region, with plenty of pollution from the huge human presence, but the eclipse is high in the sky where the effects of the brownish haze are less evident on a sunny day.

Daily satellite images show a dynamic cloudiness across the whole of south and central China. A broad band of deep, cold-topped layers of overcast cloud will mark the location of the mei-yu while broken patches of lower cloud dot the remaining landscape. Occasionally, large areas of nearly clear skies will open up, lingering for a day or two before re-filling with cloud. Moreover, on rare occasions, the mei-yu seems to wither away to scattered cloudiness, bringing large areas of sunshine across the whole country. Examination of satellite images from 2006 and 2007 reveals that the southern boundary of the front typically lies near Shanghai, leaving the city and the eclipse track in an area tantalizingly close to sunnier weather. Slight motions of the front northward or southward bring alternating periods of overcast skies and sunshine through the month. The climatological behavior of the front cannot be reliably ascertained from just two years of monitoring. Longer-term statistics award Shanghai with slightly more sunshine than other parts of China.

Southeast of Shanghai, the eclipse track meets the coast and moves across the South China Sea. A part of the cloudiness associated with the monsoon climate is generated by instability and convection driven by daytime heating, so sites along the coast should be somewhat sunnier than those inland because of cooling that comes with proximity to the water. Shanghai has two airports, one inland (Hongqiao) and the other on the coast (Pudong). Cloud statistics in Table 17 show that the average cloudiness at Pudong is much lower than at Hongqiao (50% versus 67%). Pudong, however, is a new airport, and statistics from the area are only available since 2004, a period too short to accurately reflect the climatological cloudiness. A comparison of the four years in common between the two airports reveals that Pudong's cloud cover is only about 4% lower than that at Hongqiao, a value that is much more in line with satellite data. In a climate where cloudiness rules, this 4% difference is significant, and argues strongly for a viewing site right on the waterfront, southeast of Shanghai where the central line crosses the coast. One of the better choices is at Jinshan (or Jinshanwei), a coastal city just north of the shadow axis. Jinshan has the distinction of being the site of a large artificial beach that is being constructed for the benefit of Shanghai and local residents.

Beachfront sites can be windy, so prudence dictates a retreat of a few hundred meters inland to obtain shelter from the onshore winds. Prevailing winds in the Shanghai area are from the south and southeast, a direction that brings the cooler and cleaner air from the South China Sea onto the land.

2.4 Offshore—The Japanese Islands

From India to the Chinese coast, the general trend of the cloud cover graph in Figure 21 is downward, with occasional upward jumps as the path crosses the higher terrain along the way. This trend continues as the track moves out over water, reaching a minimum near Iwo Jima, about 2000 km southeast of Shanghai. The cloud statistics become a little confusing here: the satellite cloud statistics show a small rise in cloudiness through the Nansei Islands (known in English as the Ryukyu Islands), whereas the land-based observations show that sunshine is more abundant here than anywhere else along the track. Okinoerabu shows a percent of possible sunshine of 67%, somewhat out of character when compared to other Japanese stations in the region. Cloud-cover statistics for Okinoerabu (Table 17) are more in line with other nearby stations.

Similarly, while Iwo Jima has one of the most favorable cloud climates in the satellite record, surface-based observations indicate it has more cloudiness than areas along the Chinese coast. Satellite statistics are averaged over 100-km-square regions while an observer on land is limited to his or her horizon, perhaps 30 km distant. Cloud tends to form on small islands as the air is warmed or lifted, and so observations by humans on the land will tend to be cloudier than those that encompass a large area of open water. In all likelihood, the observations from satellites are more characteristic of the cloud conditions along this part of the track. Thus, a shipboard expedition in the vicinity of Iwo Jima would sample one of the most promising sections of the eclipse track. Satellite images offer the best method of following and avoiding cloud patches, which tend to be small in size and relatively easy to avoid in these waters. With clean skies and more than six minutes of totality, a shipboard platform is an attractive option.

2.5 Northwest Pacific Typhoons

Typhoons are the western Pacific's equivalent of hurricanes, though they tend to be stronger and to last longer than those in the Atlantic. July is in the midst of the typhoon season. The more northerly storms approach the Asian coast from the southeast and east, and tend to curve northward as they approach or cross the mainland. Similarly, Atlantic and Caribbean hurricanes curve northward to run into or parallel to the North American coast. The path of the eclipse, from about Wuhan to Iwo Jima, passes through what might be considered the 'graveyard' of Pacific typhoons (Figure 22).

Aside from destructive winds and huge rainfalls (~250 mm), typhoons can leave behind heavy clouds in China's interior if they pass near the coast. In 2006, the moisture from two storms that moved inland over southern China filled the countryside with deep layers of cloud as far inland as Wuhan. Typhoon cloudiness is already incorporated into the cloud statistics (Table 17), so the main impact of such storms will be to restrict movement (or require it in the case of ships) and force the adoption of safety precautions. Typhoon-force winds drop rapidly once the storms move over land but heavy rains may continue until the systems run down several days later.

If past climatology is any guide, the probability of a typhoon in the three days centered on eclipse day is around 5% at Shanghai, 8% in the Nansei Islands south of Japan, and about 6% at Iwo Jima. The frequency of typhoon weather drops rapidly, to less than 2%, a short distance inland from the coast.

2.6 The South Pacific

The eclipse path turns southward after leaving Iwo Jima, eventually intercepting a number of enchanting tropical islands in the equatorial Pacific. Those islands are like a miniature history lesson: Enewetok in the Marshall Islands, where the H-bomb was tested; Butaritari, home to Robert Louis Stevenson for a time; and Tarawa, the scene of a fierce WWII battle and close to where Amelia Earhart disappeared. From Iwo Jima, cloudiness increases steadily until the track passes the Marshall Islands. Cloudiness then begins to fall, reaching an initial minimum in the anonymous waters between Tarawa and Gilbert Island and then a second minimum at the very end of the path. The end of the Moon's shadow track appears to offer the very best cloud prospects, though only a few percentage points below Iwo Jima. Observations from weather stations on the track support this conclusion, as shown by the climate statistics from Manihiki, which has an average cloudiness of just 34%.

This part of the eclipse path is also subject to the occasional typhoon, though the frequency is much lower than in the South China Sea. On average, a tropical storm can be expected in the waters surrounding the Marshall Islands every 3–4 years, and a typhoon every 10 years. El Niño years increase the probability of a typhoon. El Niño conditions develop every 2–6 years. Since the previous episode was in the winter of 2006–07, El Niño is unlikely to be a factor in 2009.

South of the Marshalls, over Kiribati, typhoons are essentially unknown, although some guidebooks (erroneously) suggest otherwise. The storms avoid waters along the equator thanks to the very weak Coriolis force there. However, the end of the track just reaches into the storm-prone areas of the Southern Hemisphere, and so the Cook Islands do see the occasional, but uncommon, cyclone (typhoons are called cyclones south of the equator).

2.7 Conditions at Sea

With over 6 min of totality over water, and discouraging cloud prospects over land, many eclipse chasers are likely to take advantage of the mobility offered by a ship-based expedition. The main limitation to viewing eclipses from a ship is the effect on photography—in general, short exposures and lower magnifications are required unless special efforts are made to overcome the pitch and roll of the vessel.

The state of the sea is usually given using by two figures—the swell wave and the wind wave. In the South China Sea, the swell averages around 1.7 m in July and the wind wave, about 2 m; combined that is a 2.6 m wave (the square root of the sum of squares). Near Iwo Jima, the swell averages 1.9 m, the wind wave 2.1 m, and the combined wave is 2.8 m. Both wave and swell tend to decline along the track through the Marshall Islands and Kiribati, but then pick up toward the end of the track. Typical values near Manihiki in the North Cook Islands are 2.4 m for the wind wave and 2.2 m for the swell, giving a combined wave of 3.2 m.

2.8 Getting Weather Information

2.8.1 Sources of Satellite Imagery

1. <http://www.sat.dundee.ac.uk/>. Dundee Satellite Receiving Station. Free registration is required to use the site, which contains satellite imagery from around the globe. Archive data is also available.
2. <http://www.ssd.noaa.gov/mtsat/nwpac.html>. Site for the Multi-Functional Transport Satellite (MTSAT) Northwest Pacific Imagery:
3. <http://cimss.ssec.wisc.edu/tropic/real-time/indian/images/images.html>. India Satellite images and loops.
4. <https://metocph.nmci.navy.mil>. Naval Maritime Forecast Centre. Many choices are available, with large-scale sectors for some regions of the Pacific.
5. <http://www.jma.go.jp/en/gms/>. Japan Meteorological Agency. An interactive Java map allows selection of higher-resolution quadrants and animation.

2.8.2 Numerical Forecast Models

1. <http://weather.unisys.com/gfsx/9panel/gfsx_pres_9panel_easia.html>. This site, operated by Unisys, provides numerical weather charts for the globe. Charts are available for 10 days into the future. The relative humidity chart (Rel Hum/Show) will be most useful in predicting cloud patterns.
2. <http://www.weatherzone.com.au/models/>. Global numerical forecasts from Weatherzone in Australia. Select "International Charts" under "computer models" and then "Asia" on the tab above the map. Forecasts extend to 180 hours (7.5 days) and are based on the U.S. Global Forecast System (GFS) model. Charts are low-resolution but include both India and China. Both low and mid-level relative humidity charts are available.
3. <http://rtws.cdac.in/>. Center for Development of Advanced Computing (CDAC) in India. This agency runs the Weather Research and Forecasting (WRF) model developed by National Center for Atmospheric Research (NCAR) in the U.S. A very impressive list of outputs is available over a domain that includes all of China.
4. <http://ddb.kishou.go.jp/grads.html>. A Japanese site with an interactive map server that allows you to pick out a region of interest anywhere in the world and display computer forecast fields for the area. The number of fields is limited, but "dew point depression" at several levels in the atmosphere (850, 700, 500 mb) will give an indication of where the model is predicting high levels of atmospheric moisture. Limit the display region to a small range of latitude and longitude to get the best display.
5. <http://weather.uwyo.edu/models>. A University of Wyoming site that allows you to select from several locations around the globe and obtain model output for that area. Numerical predictions for China are available from the GFS model and the UK Met Unified Model.

For additional information and a site survey report, see the Eclipse Weather Web Site at <http://www.eclipser.ca>.

2.9 Summary

It is most unfortunate that an eclipse of such long duration does not occur during a more favorable season with a better cloud climatology. Nevertheless, there are a few promising places, many that are marginal, and a few that are almost hopeless. The best land-based site is probably on the coast near Shanghai. For water-based expeditions, either Iwo Jima or a site near the end of the path are favored, and both of these offer better prospects than anywhere on land, given modest assumptions about the mobility of ships.

3. Observing the Eclipse

3.1 Eye Safety and Solar Eclipses

A total solar eclipse is probably the most spectacular astronomical event that many people will experience in their lives. There is a great deal of interest in watching eclipses, and thousands of astronomers (both amateur and professional) and other eclipse enthusiasts travel around the world to observe and photograph them.

A solar eclipse offers students a unique opportunity to see a natural phenomenon that illustrates the basic principles of mathematics and science taught through elementary and secondary school. Indeed, many scientists (including astronomers) have been inspired to study science as a result of seeing a total solar eclipse. Teachers can use eclipses to show how the laws of motion and the mathematics of orbits can predict the occurrence of eclipses. The use of pinhole cameras and telescopes or binoculars to observe an eclipse leads to an understanding of the optics of these devices. The rise and fall of environmental light levels during an eclipse illustrate the principles of radiometry and photometry, while biology classes can observe the associated behavior of plants and animals. It is also an opportunity for children of school age to contribute actively to scientific research—observations of contact timings at different locations along the eclipse path are useful in refining our knowledge of the orbital motions of the Moon and Earth, and sketches and photographs of the solar corona can be used to build a three-dimensional picture of the Sun's extended atmosphere during the eclipse.

Observing the Sun, however, can be dangerous if the proper precautions are not taken. The solar radiation that reaches the surface of the Earth ranges from ultraviolet (UV) radiation at wavelengths longer than 290 nm, to radio waves in the meter range. The tissues in the eye transmit a substantial part of the radiation between 380–400 nm to the light-sensitive retina at the back of the eye. While environmental exposure to UV radiation is known to contribute to the accelerated aging of the outer layers of the eye and the development of cataracts, the primary concern over improper viewing of the Sun during an eclipse is the development of "eclipse blindness" or retinal burns.

Exposure of the retina to intense visible light causes damage to its light-sensitive rod and cone cells. The light triggers a series of complex chemical reactions within the cells which damages their ability to respond to a visual stimulus, and in extreme cases, can destroy them. The result is a loss of visual function, which may be either temporary or permanent depending on the severity of the damage. When a person looks repeatedly, or for a long time, at the Sun without proper eye protection, this photochemical retinal damage may be accompanied by a thermal injury—the high level of visible and near-infrared radiation causes heating that literally cooks the exposed tissue. This thermal injury or photocoagulation destroys the rods and cones, creating a small blind area. The danger to vision is significant because photic retinal injuries occur without any feeling of pain (the retina has no pain receptors), and the visual effects do not become apparent for at least several hours after the damage is done (Pitts 1993). Viewing the Sun through binoculars, a telescope, or other optical devices without proper protective filters can result in immediate thermal retinal injury because of the high irradiance level in the magnified image.

The only time that the Sun can be viewed safely with the naked eye is during a total eclipse, when the Moon completely covers the disk of the Sun. *It is never safe to look at a partial or annular eclipse, or the partial phases of a total solar eclipse, without the proper equipment and techniques.* Even when 99% of the Sun's surface (the photosphere) is obscured during the partial phases of a solar eclipse, the remaining crescent Sun is still intense enough to cause a retinal burn, even though illumination levels are comparable to twilight (Chou 1981 and 1996, and Marsh 1982). Failure to use proper observing methods may result in permanent eye damage and severe visual loss. This can have important adverse effects on career choices and earning potential, because it has been shown that most individuals who sustain eclipse-related eye injuries are children and young adults (Penner and McNair 1966, Chou and Krailo 1981, and Michaelides et al. 2001).

The same techniques for observing the Sun outside of eclipses are used to view and photograph annular solar eclipses and the partly eclipsed Sun (Sherrod 1981, Pasachoff 2000, Pasachoff and Covington 1993, and Reynolds and Sweetsir 1995). The safest and most inexpensive method is by projection. A pinhole or small opening is used to form an image of the Sun on a screen placed about a meter behind the opening. Multiple openings in perfboard, a loosely woven straw hat, or even interlaced fingers can be used to cast a pattern of solar images on a screen. A similar effect is seen on the ground below a broad-leafed tree: the many "pinholes" formed by overlapping leaves creates hundreds of crescent-shaped images. Binoculars or a small telescope mounted on a tripod can also be used to project a magnified image of the Sun onto a white card. All of these methods can be used to provide a safe view of the partial phases of an eclipse to a group of observers, but care must be taken to ensure that no one looks through the device. The main advantage of the projection methods is that nobody is looking directly at the Sun. The disadvantage of the pinhole method is that the screen must be placed at least a meter behind the opening to get a solar image that is large enough to be easily seen.

The Sun can only be viewed directly when filters specially designed to protect the eyes are used. Most of these filters have a thin layer of chromium alloy or aluminum deposited on their surfaces that attenuates both visible and near-infrared radiation. A safe solar filter should transmit less than 0.003% (density ~4.5) of visible light and no more than 0.5% (density ~2.3) of the near-infrared radiation from 780–1400 nm. (In addition to the term transmittance [in percent], the energy transmission of a filter can also be described by the term density [unitless] where density, d, is the common logarithm of the reciprocal of transmittance, t, or $d=\log 10[1/t]$. A density of '0' corresponds to a transmittance of 100%; a density of '1' corresponds to a transmittance of 10%; a density of '2' corresponds to a transmittance of 1%, etc.). Figure 23 shows transmittance curves for a selection of safe solar filters.

One of the most widely available filters for safe solar viewing is shade number 14 welder's glass, which can be obtained from welding supply outlets. A popular inexpensive alternative is aluminized polyester that has been specially made for solar observation. (This material is commonly known as "mylar," although the registered trademark "Mylar®" belongs to Dupont, which does not manufacture this material for use as a solar filter. Note that "space blankets" and aluminized polyester film used in gardening are NOT suitable for this purpose!) Unlike the welding glass, aluminized polyester can be cut to fit any viewing device, and does not break when dropped. It has been pointed out that some aluminized polyester filters may have large (up to approximately 1 mm in size) defects in their aluminum coatings that may be hazardous. A microscopic analysis of examples of such defects shows that despite their appearance, the defects arise from a hole in one of the two aluminized polyester films used in the filter. There is no large opening completely devoid of the protective aluminum coating. While this is a quality control problem, the presence of a defect in the aluminum coating does not necessarily imply that the filter is hazardous. When in doubt, an aluminized polyester solar filter that has coating defects larger than 0.2 mm in size, or more than a single defect in any 5 mm circular zone of the filter, should not be used.

An alternative to aluminized polyester that has become quite popular is "black polymer" in which carbon particles are suspended in a resin matrix. This material is somewhat stiffer than polyester film and requires a special holding cell if it is to be used at the front of binoculars, telephoto lenses, or telescopes. Intended mainly as a visual filter, the polymer gives a yellow-white image of the Sun (aluminized polyester produces a blue-white image). This type of filter may show significant variations in density of the tint across its extent; some areas may appear much lighter than others. Lighter areas of the filter transmit more infrared radiation than may be desirable. The advent of high resolution digital imaging in astronomy, especially for photographing the Sun, has increased the demand for solar filters of higher optical quality. Baader AstroSolar Safety Film, a metal-coated resin, can be used for both visual and photographic solar observations. A much thinner material, it has excellent optical quality and much less scattered light than polyester filters. The Baader material comes in two densities: one for visual use and a less dense version optimized for photography. Filters using optically flat glass substrates are available from several manufacturers, but are quite expensive in large sizes.

Many experienced solar observers use one or two layers of black-and-white film that has been fully exposed to light and developed to maximum density. Not all black-and-white films contain silver so care must be taken to use a silver-based emulsion. The metallic silver contained in the film acts as a protective filter; however, any black-and-white negative containing images is not suitable for this purpose. More recently, solar observers have used floppy disks and compact disks (CDs and CD-ROMs) as protective filters by covering the central openings and looking through the disk media. However, the optical quality of the solar image formed by a floppy disk or CD is relatively poor compared to aluminized polyester or welder's glass. Some CDs are made with very thin aluminum coatings that are not safe—if the CD can be seen through in normal room lighting, it should not be used! No filter should be used with an optical device (e.g., binoculars, telescope, camera) unless it has been specifically designed for that purpose and is mounted at the front end. Some sources of solar filters are listed below.

Unsafe filters include color film, black-and-white film that contains no silver (i.e., chromogenic film), film negatives with images on them, smoked glass, sunglasses (single or multiple pairs), photographic neutral density filters and polarizing filters. Most of these transmit high levels of invisible infrared radiation, which can cause a thermal retinal burn (see Figure 23). The fact that the Sun appears dim, or that no discomfort is felt when looking at the Sun through the filter, is no guarantee that the eyes are safe.

Solar filters designed to thread into eyepieces that are often provided with inexpensive telescopes are also unsafe. These glass filters often crack unexpectedly from overheating when the telescope is pointed at the Sun, and retinal damage can occur faster than the observer can move the eye from the eyepiece. Avoid unnecessary risks. Local planetariums, science centers, or amateur astronomy clubs can provide additional information on how to observe the eclipse safely.

There are some concerns that ultraviolet-A (UVA) radiation (wavelengths from 315–380 nm) in sunlight may also adversely affect the retina (Del Priore 1999). While there is some experimental evidence for this, it only applies to the special case of aphakia, where the natural lens of the eye has been removed because of cataract or injury, and no UV-blocking spectacle, contact or intraocular lens has been fitted. In an intact normal human eye, UVA radiation does not reach the retina because it is absorbed by the crystalline lens. In aphakia, normal environmental exposure to solar UV radiation may indeed cause chronic retinal damage. The solar filter materials discussed in this article, however, attenuate solar UV radiation to a level well below the minimum permissible occupational exposure for UVA (ACGIH 2004), so an aphakic observer is at no additional risk of retinal damage when looking at the Sun through a proper solar filter.

In the days and weeks before a solar eclipse, there are often news stories and announcements in the media, warning about the dangers of looking at the eclipse. Unfortunately, despite the good intentions behind these messages, they frequently contain misinformation, and may be designed to scare people from viewing the eclipse at all. This tactic may backfire, however, particularly when the messages are intended for students. A student who heeds warnings from teachers and other authorities not to view the eclipse because of the danger to vision, and later learns that other students did see it safely, may feel cheated out of the experience. Having now learned that the authority figure was wrong on one occasion, how is this student going to react when other health-related advice about drugs, AIDS[3], or smoking is given (Pasachoff 2001). Misinformation may be just as bad, if not worse, than no information.

Remember that the total phase of an eclipse can, and should, be seen without any filters, and certainly never by projection! It is completely safe to do so. Even after observing 14 solar eclipses, the author finds the naked-eye view of the *totally eclipsed* Sun awe-inspiring. The experience should be enjoyed by all.

Sect. 3.1 was contributed by:
B. Ralph Chou, MSc, OD
Associate Professor, School of Optometry
University of Waterloo
Waterloo, Ontario, Canada N2L 3G1

3.2 Sources for Solar Filters

The following is a brief list of sources for filters that are specifically designed for safe solar viewing with or without a telescope. The list is not meant to be exhaustive, but is a representative sample of sources for solar filters currently available in North America and Europe. For additional sources, see advertisements in *Astronomy* and or *Sky & Telescope* magazines. (The inclusion of any source on the following list does not imply an endorsement of that source by either the authors or NASA.)

Sources in the USA:

American Paper Optics, 3080 Bartlett Corporate Drive, Bartlett, TN 38133, (800) 767-8427 or (901) 381-1515

Astro-Physics, Inc., 11250 Forest Hills Rd., Rockford, IL 61115, (815) 282-1513.

Celestron International, 2835 Columbia Street, Torrance, CA 90503, (310) 328-9560.

Coronado Technology Group, 1674 S. Research Loop, Suite 436, Tucson, AZ 85710-6739, (520) 760-1561, (866) SUNWATCH.

DayStar Filters LLC, 149 Northwest OO Highway, Warrensburg, MO 64093, (660) 747-2100.

Meade Instruments Corporation, 16542 Millikan Ave., Irvine, CA 92606, (714) 756-2291.

Rainbow Symphony, Inc., 6860 Canby Ave., #120, Reseda, CA 91335, (818) 708-8400.

Telescope and Binocular Center, P.O. Box 1815, Santa Cruz, CA 95061-1815, (408) 763-7030.

Thousand Oaks Optical, Box 4813, Thousand Oaks, CA 91359, (805) 491-3642.

Sources in Canada:

Kendrick Astro Instruments, 2920 Dundas St. W., Toronto, Ontario, Canada M6P 1Y8, (416) 762-7946.

Khan Scope Centre, 3243 Dufferin Street, Toronto, Ontario, Canada M6A 2T2, (416) 783-4140.

Perceptor Telescopes TransCanada, Brownsville Junction Plaza, Box 38, Schomberg, Ontario, Canada L0G 1T0, (905) 939-2313.

Sources in Europe:

Baader Planetarium GmbH, Zur Sternwarte, 82291 Mammendorf, Germany, 0049 (8145) 8802.

3.3 Eclipse Photography

The eclipse may be safely photographed provided that the above precautions are followed. Almost any kind of camera can be used to capture this rare event, but Single Lens Reflex (SLR) cameras offer interchangable lenses and zooms. A lens with a fairly long focal length is recommended in order to produce as large an image of the Sun as possible. A standard 50 mm lens on a 35 mm film camera yields a minuscule 0.5 mm solar image, while a 200 mm telephoto or zoom lens produces a 1.9 mm image (Figure 24). A better choice would be one of the small, compact, catadioptic or mirror lenses that have become widely available in the past 20 years. The focal length of 500 mm is most common among such mirror lenses and yields a solar image of 4.6 mm.

With one solar radius of corona on either side, an eclipse view during totality will cover 9.2 mm. Adding a 2x teleconverter will produce a 1000 mm focal length, which doubles the Sun's diameter to 9.2 mm. Focal lengths in excess of 1000 mm usually fall within the realm of amateur telescopes.

Consumer digital cameras have become affordable in recent years and many of these may be used to photograph the eclipse. Most recommendations for 35 mm SLR cameras apply to digital SLR (DSLR) cameras as well. The primary difference is that the imaging chip in most DSLR cameras is only about 2/3 the area of a 35 mm film frame (check the camera's technical specifications). This means that the Sun's relative size will be 1.5 times larger in a DSLR camera so a shorter focal length lens can be used to achieve the same angular coverage compared to a 35 mm SLR camera. For example, a 500 mm lens on a digital camera produces the same relative image size as a 750 mm lens on a 35 mm camera (Figure 24). Another issue to consider is the lag time between digital frames required to write images to the DSLR's memory card. Better DSLRs have a buffer to temorarily store a burst of images before they are written to the card. It is also advisable to turn off the autofo-

---

3. Acquired Immunodeficiency Syndrome

cus because it is not reliable under these conditions; focus the camera manually instead. Preparations must also be made for adequate battery power and space on the memory card.

If full disk photography of partial phases of the eclipse is planned, the focal length of the optics must not exceed 2500 mm on 35 mm format (1700 mm on digital). Longer focal lengths permit photography of only a magnified portion of the Sun's disk. In order to photograph the Sun's corona during totality, the focal length should be no longer than about 1500 mm (1000 mm on digital); however, a shorter focal length of 1000 mm (700 mm digital) requires less critical framing and can capture some of the longer coronal streamers. Figure 24 shows the apparent size of the Sun (or Moon) and the outer corona in both film and digital formats for a range of lens focal lengths. For any particular focal length, the diameter of the Sun's image (on 35 mm film) is approximately equal to the focal length divided by 109 (Table 18).

A solar filter must be used on the lens throughout the partial phases for both photography and safe viewing. Such filters are most easily obtained through manufacturers and dealers listed in *Sky & Telescope* and *Astronomy* magazines (see Sect. 3.2, "Sources for Solar Filters"). These filters typically attenuate the Sun's visible and infrared energy by a factor of 100,000. The actual filter factor and choice of International Organization for Standardization (ISO) speed, however, will play critical roles in determining the correct photographic exposure. Almost any ISO can be used because the Sun gives off abundant light. The easiest method for determining the correct exposure is accomplished by running a calibration test on the uneclipsed Sun. Shoot a roll of film of the mid-day Sun at a fixed aperture (f/8 to f/16) using every shutter speed from 1/1000 s to 1/4 s. After the film is developed, note the best exposures and use them to photograph all the partial phases. With a digital camera, the process is even easier: shoot a range of different exposures and use the camera's histogram display to evaluate the best exposure. The Sun's surface brightness remains constant throughout the eclipse, so no exposure compensation is needed except for the narrow crescent phases, which require two more stops due to solar limb darkening. Bracketing by several stops is also necessary if haze or clouds interfere on eclipse day.

Certainly the most spectacular and awe-inspiring phase of the eclipse is totality. For a few brief minutes or seconds, the Sun's pearly white corona, red prominences, and chromosphere are visible. The great challenge is to obtain a set of photographs that captures these fleeting phenomena. The most important point to remember is that during the total phase, all solar filters must be removed. The corona has a surface brightness a million times fainter than the photosphere, so photographs of the corona must be made *without* a filter. Furthermore, it is completely safe to view the totally eclipsed Sun directly with the naked eye. No filters are needed, and in fact, they would only hinder the view. The average brightness of the corona varies inversely with the distance from the Sun's limb. The inner corona is far brighter than the outer corona so no single exposure can capture its full dynamic range. The best strategy is to choose one aperture or f/number and bracket the exposures over a range of shutter speeds (e.g., 1/1000 s to 1 s). Rehearsing this sequence is highly recommended because great excitement accompanies totality and there is little time to think.

Exposure times for various combinations of ISO speeds, apertures (f/number) and solar features (chromosphere, prominences, inner, middle, and outer corona) are summarized in Table 19. The table was developed from eclipse photographs made by F. Espenak, as well as from photographs published in *Sky and Telescope*. To use the table, first select the ISO speed in the upper left column. Next, move to the right to the desired aperture or f/number for the chosen ISO speed. The shutter speeds in that column may be used as starting points for photographing various features and phenomena tabulated in the 'Subject' column at the far left. For example, to photograph prominences using ISO 400 at f/16, the table recommends an exposure of 1/1000. Alternatively, the recommended shutter speed can be calculated using the 'Q' factors tabulated along with the exposure formula at the bottom of Table 19. Keep in mind that these exposures are based on a clear sky and a corona of average brightness. The exposures should be bracketed one or more stops to take into account the actual sky conditions and the variable nature of these phenomena.

Point-and-shoot cameras with wide angle lenses are excellent for capturing the quickly changing light in the seconds before and during totality. Use a tripod or brace with the camera on a wall or fence because slow shutter speeds will be needed. In addition, disable or turn off the camera's electronic flash so that it does not interfere with anyone else's view of the eclipse. If the flash cannot be turned off, cover it with black tape.

Another eclipse effect that is easily captured with point-and-shoot cameras should not be overlooked. Use a straw hat or a kitchen sieve and allow its shadow to fall on a piece of white cardboard placed several feet away. The small holes act like pinhole cameras and each one projects its own image of the eclipsed Sun. The effect can also be duplicated by forming a small aperture with the fingers of one's hands and watching the ground below. The pinhole camera effect becomes more prominent with increasing eclipse magnitude. Virtually any camera can be used to photograph the phenomenon, but automatic cameras must have their flashes turned off because this would otherwise obliterate the pinhole images.

For more information on eclipse photography, observations, and eye safety, see the "Further Reading" sections in the Bibliography.

3.4 Sky at Totality

As the partial phases progress, the temperature drops noticeably. This can affect the focus of cameras and telescopes which should be checked as totality approaches.

The total phase of an eclipse is accompanied by the onset of a rapidly darkening sky whose appearance resembles evening twilight about half an hour after sunset. The effect presents an excellent opportunity to view planets and bright stars in the daytime sky. Aside from the sheer novelty of it, such observations are useful in gauging the apparent sky brightness and transparency during totality.

During the total solar eclipse of 2009, the Sun is in western Cancer near its border with Gemini. Three or four naked-eye planets and a number of bright stars may be visible during totality. Figure 25 depicts the appearance of the sky as seen from the central line at 01:30 UT. This corresponds to southern China, east of Wuhan.

The brightest and most conspicuous planet will be Venus ($m_v = -3.9$). It is located in Taurus about 41° west of the Sun and is nearly overhead from this geographic position. Mercury ($m_v = -1.4$) should also be easy to spot 9° east of the Sun. Mars is considerably fainter ($m_v = +1.1$) 12° west of Venus and 52° west the Sun. Finally, Saturn ($m_v = +1.1$) is located 49° east of the Sun in Leo. In Figure 25, Saturn appears very low on the eastern horizon making its detection nearly impossible. It is higher in the sky along the Pacific section of the eclipse track (and below the horizon from India).

A number of bright winter constellation stars may be visible during the eerie twilight of totality. Several of them lie near the Sun and include Pollux ($m_v = +1.14$), Castor ($m_v = +1.94$), and Procyon ($m_v = +0.38$), located 9° north, 13° north, and 16° south of the Sun, respectively. Other bright stars located south and west of the Sun are Sirius (mv = −1.44), Betelgeuse ($m_v = +0.5v$), Rigel ($m_v = +0.12$), and Aldebaran ($m_v = +0.87v$). Finally, Capella ($m_v = +0.08$) lies 43° northwest of the Sun, while Regulus ($m_v = +1.35$) is 31° to the east. Star visibility requires a very dark and cloud-free sky during the total eclipse phase.

At the bottom of Figure 25, a geocentric ephemeris (using Bretagnon and Simon 1986) gives the apparent positions of the naked-eye planets during the eclipse. Delta is the distance of the planet from Earth (in Astronomical Units), *App. Mag.* is the apparent visual magnitude of the planet, and *Solar Elong* gives the elongation or angle between the Sun and planet.

For maps of the sky during totality as seen from India and the Pacific Ocean, see NASA's Web site for the 2009 total solar eclipse: <http://eclipse.gsfc.nasa.gov/SEmono/TSE2009/TSE2009.html>.

3.5 Contact Timings from the Path Limits

Precise timings of beading phenomena made near the northern and southern limits of the umbral path (i.e., the graze zones), may be useful in determining the diameter of the Sun relative to the Moon at the time of the eclipse. Such measurements are essential to an ongoing project to try to detect changes in the solar diameter.

Because of the conspicuous nature of the eclipse phenomena and their strong dependence on geographical location, scientifically useful observations can be made with relatively modest equipment. A small telescope of 3- to 5-in (75–125 mm) aperture, portable shortwave radio, and portable camcorder comprise standard equipment used to make such measurements. Time signals are broadcast via shortwave stations such as WWV and CHU in North America (5.0, 10.0, 15.0, and 20.0 MHz are example frequencies to try for these signals around the world), and are recorded simultaneously as the eclipse is videotaped. Those using video are encouraged to use one of the Global Positioning System (GPS) video time inserters, such as the Kiwi OSD by PFD systems (http://www.pfdsystems.com) in order to link specific Baily's bead events with lunar features.

The safest timing technique consists of observing a projection of the Sun rather than directly imaging the solar disk itself. If a video camera is not available, a tape recorder can be used to record time signals with verbal timings of each event. Inexperienced observers are cautioned to use great care in making such observations.

The method of contact timing should be described in detail, along with an estimate of the error. The precision requirements of these observations are ±0.5 s in time, 1 arcsec (~30 m) in latitude and longitude, and ±20 m (~60 ft) in elevation. Commercially available GPS receivers are now the easiest and best way to determine one's position to the necessary accuracy. GPS receivers are also a useful source for accurate Universal Time as long as they use the one-pulse-per-second signal for timing; many receivers do not use that, so the receiver's specifications must be checked. The National Marine Electronics Association (NMEA) sequence normally used can have errors in the time display of several tenths of a second.

The observer's geodetic coordinates are best determined with a GPS receiver. Even simple handheld models are fine if data are obtained and averaged until the latitude, longitude, and altitude output become stable. Positions can also be measured from United States Geological Survey (USGS) maps or other large scale maps as long as they conform to the accuracy requirement above. Some of these maps are available on Web sites such as <http://www.topozone.co>. Coordinates determined directly from Web sites are useful for checking, but are usually not accurate enough for eclipse timings. If a map or GPS is unavailable, then a detailed description of the observing site should be included, providing information such as distance and directions of the nearest towns or settlements, nearby landmarks, identifiable buildings, and road intersections; digital photos of key annotated landmarks are also important.

Expeditions are coordinated by the International Occultation Timing Association (IOTA). For information on possible solar eclipse expeditions that focus on observing at the eclipse path limits, refer to <http://www.eclipsetours.com>. For specific details on equipment and observing methods for observing at the eclipse path limits, refer to <http://www.eclipsetours.com/edge>. For more information on IOTA and eclipse timings, contact:

Dr. David W. Dunham, IOTA
Johns Hopkins University/Applied Physics Lab.
MS MP3-135
11100 Johns Hopkins Rd.
Laurel, MD 20723–6099, USA
Phone: (240) 228-5609
E-mail: david.dunham@jhuapl.edu
Web Site: http://www.lunar-occultations.com/iota

Reports containing graze observations, eclipse contact, and Baily's bead timings, including those made anywhere near, or in, the path of totality or annularity can be sent to Dr. Dunham at the address listed above.

3.6 Plotting the Path on Maps

To assist hand-plotting of high-resolution maps of the umbral path, the coordinates listed in Tables 7 and 8 are provided in longitude increments of 1°. The coordinates in Table 3 define a line of maximum eclipse at 3 min increments. If observations are to be made near the limits, then the grazing eclipse zones tabulated in Table 8 should be used. A higher resolution table of graze zone coordinates at longitude increments of 7.5′ is available via the NASA 2009 Total Solar Eclipse Web Site: http://eclipse.gsfc.nasa.gov/SEmono/TSE2009/TSE2009.html.

Global Navigation Charts (1:5,000,000), Operational Navigation Charts (scale 1:1,000,000), and Tactical Pilotage Charts (1:500,000) of the world are published by the National Imagery and Mapping Agency. Sales and distribution of these maps are through the National Ocean Service. For specific information about map availability, purchase prices, and ordering instructions, the National Ocean Service can be contacted by mail, telephone, or fax at the following:

NOAA Distribution Division, N/ACC3
National Ocean Service
Riverdale, MD 20737–1199, USA
Phone: (301) 436-8301 or (800) 638-8972
Fax: (301) 436-6829

It is also advisable to check the telephone directory for any map specialty stores in a given city or area. They often have large inventories of many maps available for immediate delivery.

4. ECLIPSE RESOURCES

4.1 IAU Working Group on Eclipses

Professional scientists are asked to send descriptions of their eclipse plans to the Working Group on Eclipses of the Solar Division of the International Astronomical Union (IAU), so they can keep a list of observations planned. Send such descriptions, even in preliminary form, to:

International Astronomical Union/
  Working Group on Eclipses
Prof. Jay M. Pasachoff, Chair
Williams College–Hopkins Observatory
Williamstown, MA 01267, USA
Fax: (413) 597-3200
E-mail: eclipse@williams.edu
Web Site: http://www.totalsolareclipse.net
  http://www.eclipses.info

The members of the Working Group on Eclipses of the Solar Division of the IAU are: Jay M. Pasachoff (USA), Chair, Iraida S. Kim (Russia), Hiroki Kurokawa (Japan), Jagdev Singh (India), Vojtech Rusin (Slovakia), Fred Espenak (USA), Jay Anderson (Canada), Glenn Schneider (USA), and Michael Gill (UK). Yihua Yan (China), yyh@bao.ac.cn, is the director of the section of solar physics of the Beijing National Astronomical Observatory and has been added to the Working Group for the 2008 and 2009 eclipses; he is in charge of the organization of the eclipse efforts in China.

4.2 IAU Solar Eclipse Education Committee

In order to ensure that astronomers and public health authorities have access to information on safe viewing practices, the Commission on Education and Development of the IAU, set up a Program Group on Public Education at the Times of Eclipses. Under Prof. Jay M. Pasachoff, the Committee has assembled information on safe methods of observing solar eclipses, eclipse-related eye injuries, and samples of educational materials on solar eclipses (see <http://www.eclipses.info>).

For more information, contact Prof. Jay M. Pasachoff (contact information is found in Sect. 4.1). Information on safe solar filters can be obtained by contacting Program Group member Dr. B. Ralph Chou (bchou@sciborg.uwaterloo.ca).

4.3 Solar Eclipse Mailing List

The Solar Eclipse Mailing List (SEML) is an electronic news group dedicated to solar eclipses. Published by British eclipse chaser Michael Gill (eclipsechaser@yahoo.com), it serves as a forum for discussing anything and everything about eclipses and facilitates interaction between both the professional and amateur communities.

The SEML is hosted at URL <http://groups.yahoo.com/group/SEML/>. Complete instructions are available online for subscribing and unsubscribing. Up until mid-2004, the list manager of the SEML was Patrick Poitevin (solareclipsewebpages@btopenworld.com). Archives of past SEML messages through July 2004 are available at <http://www.mreclipse.com/SENL/SENLinde.htm>.

4.4 NASA Eclipse Bulletins on the Internet

To make the NASA solar eclipse bulletins accessible to as large an audience as possible, these publications are also available via the Internet. The bulletins can be read, or downloaded using a Web browser (such as Firefox, Safari, Internet Explorer, etc.) from the NASA Eclipse Web Site. The top-level Web addresses (URLs) for the currently available eclipse bulletins are as follows:

Annular Solar Eclipse of 1994 May 10
— http://eclipse.gsfc.nasa.gov/SEpubs/19940510/rp.html
Total Solar Eclipse of 1994 Nov 03
— http://eclipse.gsfc.nasa.gov/SEpubs/19941103/rp.html
Total Solar Eclipse of 1995 Oct 24
— http://eclipse.gsfc.nasa.gov/SEpubs/19951024/rp.html
Total Solar Eclipse of 1997 Mar 09
— http://eclipse.gsfc.nasa.gov/SEpubs/19970309/rp.html
Total Solar Eclipse of 1998 Feb 26
— http://eclipse.gsfc.nasa.gov/SEpubs/19980226/rp.html

Total Solar Eclipse of 1999 Aug 11
— http://eclipse.gsfc.nasa.gov/SEpubs/19990811/rp.html
Total Solar Eclipse of 2001 Jun 21
— http://eclipse.gsfc.nasa.gov/SEpubs/20010621/rp.html
Total Solar Eclipse of 2002 Dec 04
— http://eclipse.gsfc.nasa.gov/SEpubs/20021204/rp.html
Solar Eclipses of 2003: May 31 & Nov 23
— http://eclipse.gsfc.nasa.gov/SEpubs/20030000/rp.html
Total Solar Eclipse of 2006 Mar 29
— http://eclipse.gsfc.nasa.gov/SEpubs/20060329/rp.html
Total Solar Eclipse of 2008 Aug 01
— http://eclipse.gsfc.nasa.gov/SEpubs/20080801/rp.html
Total Solar Eclipse of 2009 Jul 22
— http://eclipse.gsfc.nasa.gov/SEpubs/20090722/rp.html

The most recent bulletins are available in both "html" and "pdf" formats. All future NASA eclipse bulletins will be available over the Internet, at or before publication of each. Comments and suggestions are actively solicited to fix problems and improve on compatibility and formats..

4.5 Future Eclipse Paths on the Internet

Presently, the NASA eclipse bulletins are published 18–24 months before each eclipse, however, there have been a growing number of requests for eclipse path data with an even greater lead time. To accommodate this need, predictions have been generated for all central solar eclipses from 1901 through 2100. The umbral path characteristics have been calculated with a 1 min time interval compared to the 6 min interval used in *Fifty Year Canon of Solar Eclipses: 1986–2035* (Espenak 1987). This provides enough detail for making preliminary plots of the path on larger scale maps. Links to global maps using an orthographic projection present the regions of partial and total (or annular) eclipse. There are also small animations the show the motion of the umbral and penumbral shadows across Earth for each eclipse. To present all this information, a series of Web pages break the 200 year period into decade-long intervals. The Web page for the decade 2001–2010 is: <http://eclipse.gsfc.nasa.gov/SEcat/SEdecade2001.html>. Links to the other decades can be found on this page as well.

Google Maps is an excellent tool for a detailed look at past and future eclipse paths. A series of Google Maps Web pages has been created for all central eclipses from 1901–2100. The indices and links for these maps are arranged in 20-year periods. For example, the Web page for the period 2001–2020 is: <http://eclipse.gsfc.nasa.gov/SEgoogle/SEgoogle2001.html>. Links to the other 20-year index pages also can be found on this page.

A Web-based search engine has been developed with the assistance of Xavier Jubier and Sumit Dutta. It accesses the entire catalog of Besselian elements used in *Five Millennium Canon of Solar Eclipses: –1999 to +3000* (Espenak and Meeus 2006). The user can search this data by eclipse type, duration, and date range. The resulting table has links to coordinate tables and eclipse paths plotted on Google Maps. The link for *Five Millennium Solar Eclipse Search Engine* is: <http://eclipse.gsfc.nasa.gov/SEsearch/SEsearch.php>.

The coordinates of the Sun used in these tables and maps were calculated on the basis of the VSOP87 theory constructed by Bretagnon and Francou (1988). The Moon ephemeris is based on the theory ELP-2000/82 of Chapront-Touze and Chapront (1983). Neglecting the smallest periodic terms, the Moon's position calculated in our program has a mean error (as compared to the full ELP theory) of about 0.0006 s of time in right ascension, and about 0.006 arcsec in declination. The corresponding error in the calculated times of the phases of a solar eclipse is of the order of 1/40 s, which is much smaller than the uncertainties in predicted values of ΔT, and also much smaller than the error due to neglecting the irregularities (mountains and valleys) in the lunar limb profile. The value for ΔT (the difference between Terrestrial Dynamical Time and Universal Time) is from direct measurements during the 20th century and extrapolation into the 21st century. The value used for the Moon's mean radius is k=0.272281. These ephemerides and parameters are identical to those used in *Five Millennium Canon of Solar Eclipses: -1999 to +3000* (Espenak and Meeus 2006).

4.6 NASA Web Site for 2009 Total Solar Eclipse

A special Web site has been set up to supplement this bulletin with additional predictions, tables, and data for the total solar eclipse of 2009. Some of the data posted there include an expanded version of Tables 7 and 8 (Mapping Coordinates for the Zones of Grazing Eclipse), and local circumstance tables with additional cities, as well as for astronomical observatories. Also featured will be higher resolution maps of selected sections of the path of totality and limb profile figures for other locations/times along the path. The URL of the special TSE2009 Web site is: http://eclipse.gsfc.nasa.gov/SEmono/TSE2009/TSE2009.html.

4.7 Predictions for Eclipse Experiments

This publication provides comprehensive information on the 2009 total solar eclipse to the professional, amateur, and lay communities. Certain investigations and eclipse experiments, however, may require additional information that lies beyond the scope of this work. The authors invite the international professional community to contact them for assistance with any aspect of eclipse prediction including predictions for locations not included in this publication, or for more detailed predictions for a specific location (e.g., lunar limb profile and limb-corrected contact times for an observing site).

This service is offered for the 2009 eclipse, as well as for previous eclipses in which analysis is still in progress. To discuss individual needs and requirements, please contact Fred Espenak (fred.espenak@nasa.gov).

4.8 Correction to Eclipse Bulletins

All previous bulletins in this series failed to include the effects of nutation in the calculation of one of the Besselian elements used in the eclipse predictions. In particular, the mean Greenwich Sidereal Time was used to calculate Besselian element μ_0 instead of the apparent Greenwich Sidereal Time. These two parameters differ simply by a correction for nutation.

Nutation is a small irregular motion in the rotation of Earth on its axis due to the tidal forces of the Moon and Sun. The maximum amplitude of nutation is approximately 17 arcsec in longitude and 9 arcsec in latitude.

A correction to the value of μ_0 is required in the Besselian elements published for eclipses from 1994–2008. The correction may be either positive or negative, and the effect is to shift eclipse path coordinates by several hundred meters east or west. The following table shows the correction to μ_0 and the resulting longitude shift for each eclipse path.

Eclipse Date	Correction to μ_0 (degrees)	Longitude Shift of Path (arcmin)	Equiv. Shift at Equator (meters)
1994 May 10	0.003255	0.20	363
1994 Nov 03	0.002711	0.16	302
1995 Oct 24	0.001575	0.09	175
1997 Mar 09	0.000158	0.01	18
1998 Feb 26	-0.001177	-0.07	-131
1999 Aug 11	-0.002902	-0.17	-323
2001 Jun 21	-0.004374	-0.26	-487
2002 Dec 04	-0.004296	-0.26	-479
2003 May 31	-0.003961	-0.24	-441
2003 Nov 23	-0.003666	-0.22	-408
2006 Mar 29	-0.000397	-0.02	44
2008 Aug 01	0.003211	0.19	358

The eclipse date is followed by the required correction to μ_0, as published in Table 1 of the bulletins. The third column gives the resulting shift in the longitude of the central line, northern limit, and southern limit coordinates. A negative shift is east while a positive shift is west. The maximum magnitude of the shift is 0.26 arcmin in longitude. For an eclipse path at the equator, this corresponds to a shift of 487 m. At higher latitudes, the equivalent path shift is smaller by a factor of cosine(latitude).

Fortunately, the path corrections are small and of no practical consequence to most eclipse observers. In fact, the path shifts are too small to show up on any of the maps in the bulletins. The path corrections will have their biggest effect on contact times, which may vary by 1 or 2 s.

Special thanks to Luca Quaglia and John Tilley for their help in resolving this issue.

4.9 Algorithms, Ephemerides, and Parameters

Algorithms for the eclipse predictions were developed by Espenak primarily from the *Explanatory Supplement* (Her Majesty's Nautical Almanac Office 1974) with additional algorithms from Meeus et al. (1966), and Meeus (1989). The solar and lunar ephemerides were generated from the JPL DE200 and LE200, respectively. All eclipse calculations were made using a value for the Moon's radius of $k=0.2722810$ for umbral contacts, and $k=0.2725076$ (adopted IAU value) for penumbral contacts. Center of mass coordinates were used except where noted. Extrapolating from 2006 to 2009, a value for ΔT of 65.3 s was used to convert the predictions from Terrestrial Dynamical Time to Universal Time. The international convention of presenting date and time in descending order has been used throughout the bulletin (i.e., year, month, day, hour, minute, second).

The primary source for geographic coordinates used in the local circumstances tables is *The New International Atlas* (Rand McNally 1991). Elevations for major cities were taken from *Climates of the World* (U.S. Dept. of Commerce 1972). The names and spellings of countries, cities, and other geopolitical regions are not authoritative, nor do they imply any official recognition in status. Corrections to names, geographic coordinates, and elevations are actively solicited in order to update the database for future eclipse bulletins.

AUTHOR'S NOTE

All eclipse predictions presented in this publication were generated on a Macintosh iMac G4 800 MHz computer. All calculations, diagrams, and opinions presented in this publication are those of the authors and they assume full responsibility for their accuracy.

TABLES

TABLE 1

ELEMENTS OF THE TOTAL SOLAR ECLIPSE OF 2009 JULY 22

```
Equatorial Conjunction:      02:34:07.29 TDT      J.D. = 2455034.607029
  (Sun & Moon in R.A.)       (=02:33:01.42 UT)

Ecliptic Conjunction:        02:35:41.89 TDT      J.D. = 2455034.608124
  (Sun & Moon in Ec. Lo.)    (=02:34:36.03 UT)

      Instant of             02:36:24.37 TDT      J.D. = 2455034.608615
  Greatest Eclipse:          (=02:35:18.50 UT)
```

Geocentric Coordinates of Sun & Moon at Greatest Eclipse (DE200/LE200):

```
Sun:    R.A. = 08h06m24.115s         Moon:    R.A. = 08h06m29.643s
        Dec. =+20°16'03.00"                   Dec. =+20°20'07.03"
  Semi-Diameter =   15'44.50"          Semi-Diameter =   16'42.73"
     Eq.Hor.Par. =     08.66"             Eq.Hor.Par. =  1°01'19.84"
        Δ R.A. =      9.958s/h                Δ R.A. =    155.021s/h
        Δ Dec. =    -29.88"/h                 Δ Dec. =   -684.39"/h
```

```
Lunar Radius   k1 = 0.2725076 (Penumbra)     Shift in     Δb = 0.00"
 Constants:    k2 = 0.2722810 (Umbra)     Lunar Position:  Δl = 0.00"

Geocentric Libration:    l =   0.8°      Brown Lun. No. = 1071
(Optical + Physical)     b =   0.0°      Saros Series   = 136 (37/71)
                         c =  10.9°               nDot  = -26.00 "/cy**2

Eclipse Magnitude = 1.07990      Gamma = 0.06977       ΔT =    65.9 s
```

Polynomial Besselian Elements for: 2009 Jul 22   03:00:00.0 TDT   (=t_0)

n	x	y	d	l_1	l_2	μ
0	0.2399887	-0.0032838	20.2642422	0.5304467	-0.0156322	223.388214
1	0.5563963	-0.1774582	-0.0078733	0.0000063	0.0000063	15.001003
2	-0.0000576	-0.0001344	-0.0000046	-0.0000128	-0.0000127	0.000002
3	-0.0000094	0.0000032	0.0000000	0.0000000	0.0000000	0.000000

Tan f_1 = 0.0046014   Tan f_2 = 0.0045784

At time t1 (decimal hours), each Besselian element is evaluated by:

$$a = a_0 + a_1*t + a_2*t^2 + a_3*t^3 \quad (\text{or } a = \sum [a_n*t^n]; n = 0 \text{ to } 3)$$

where: a = x, y, d, l_1, l_2, or μ
         t = $t_1 - t_0$ (decimal hours) and t_0 = 3.000 TDT

The Besselian elements were derived from a least-squares fit to elements calculated at five uniformly spaced times over a six hour period centered at t_0. Thus the Besselian elements are valid over the period $0.00 \le t_1 \le 6.00$ TDT.

Note that all times are expressed in Terrestrial Dynamical Time (TDT).

Saros Series 136: Member 37 of 71 eclipses in series.

TABLE 2

SHADOW CONTACTS AND CIRCUMSTANCES
TOTAL SOLAR ECLIPSE OF 2009 JULY 22

$$\Delta T = 65.9 \text{ s} = 000°16'30.7''$$

		Terrestrial Dynamical Time h m s	Latitude	Ephemeris Longitude†	True Longitude*
External/Internal Contacts of Penumbra:	P_1	23:59:21.9	19°03.1'N	084°26.4'E	084°42.9'E
	P_2	01:48:45.4	24°36.7'N	054°40.9'E	054°57.4'E
	P_3	03:24:06.3	08°37.4'S	142°37.4'W	142°20.9'W
	P_4	05:13:28.5	14°13.7'S	172°07.6'W	171°51.0'W
Extreme North/South Limits of Penumbral Path:	N_1	01:20:20.5	49°49.6'N	045°34.6'E	045°51.1'E
	S_1	00:56:45.0	08°51.2'S	080°43.6'E	081°00.1'E
	N_2	03:52:42.2	17°50.9'N	139°44.4'W	139°27.9'W
	S_2	04:15:50.7	41°31.6'S	171°25.4'W	171°08.9'W
External/Internal Contacts of Umbra:	U_1	00:52:20.2	20°18.2'N	070°40.3'E	070°56.8'E
	U_2	00:55:34.3	20°25.3'N	069°48.8'E	070°05.3'E
	U_3	04:17:16.4	12°51.1'S	157°32.2'W	157°15.7'W
	U_4	04:20:29.7	12°58.2'S	158°23.3'W	158°06.8'W
Extreme North/South Limits of Umbral Path:	N_1	00:54:19.7	21°11.6'N	069°47.7'E	070°04.2'E
	S_1	00:53:36.5	19°31.7'N	070°40.8'E	070°57.4'E
	N_2	04:18:31.0	12°04.6'S	157°32.8'W	157°16.3'W
	S_2	04:19:13.4	13°44.8'S	158°22.5'W	158°05.9'W
Extreme Limits of Central Line:	C_1	00:53:57.2	20°21.7'N	070°14.6'E	070°31.1'E
	C_2	04:18:53.1	12°54.7'S	157°57.8'W	157°41.3'W
Instant of Greatest Eclipse:	G_0	02:36:24.4	24°13.2'N	143°50.5'E	144°07.0'E
Circumstances at Greatest Eclipse:		Sun's Altitude = 85.9° Sun's Azimuth = 197.6°		Path Width = 258.4 km Central Duration = 06m38.8s	

† Ephemeris Longitude is the terrestrial dynamical longitude assuming a uniformly rotating Earth.
* True Longitude is calculated by correcting the Ephemeris Longitude for the non-uniform rotation of Earth.
(T.L. = E.L. + 1.002738*ΔT/240, where ΔT(in seconds) = TDT - UT)

Note: Longitude is measured positive to the East.

Because ΔT is not known in advance, the value used in the predictions is an extrapolation based on pre-2008 measurements. The actual value is expected to fall within ±0.3 seconds of the estimated ΔT used here.

TABLE 3

PATH OF THE UMBRAL SHADOW
TOTAL SOLAR ECLIPSE OF 2009 JULY 22

$\Delta T = 65.9$ s

Universal Time	Northern Limit Latitude	Northern Limit Longitude	Southern Limit Latitude	Southern Limit Longitude	Central Line Latitude	Central Line Longitude	Sun Alt °	Path Width km	Central Durat.
Limits	21°11.6'N	070°04.2'E	19°31.7'N	070°57.4'E	20°21.7'N	070°31.1'E	0	205	03m09.4s
00:55	24°56.4'N	080°27.7'E	23°44.0'N	083°07.1'E	24°22.4'N	081°53.2'E	12	217	03m38.4s
01:00	27°55.9'N	090°11.3'E	26°14.5'N	091°47.8'E	27°05.9'N	091°02.1'E	21	225	04m06.1s
01:05	29°30.1'N	096°28.0'E	27°37.4'N	097°40.7'E	28°34.2'N	097°06.2'E	28	230	04m26.3s
01:10	30°30.4'N	101°28.5'E	28°30.8'N	102°24.8'E	29°30.9'N	101°58.2'E	34	235	04m43.5s
01:15	31°10.3'N	105°45.6'E	29°05.7'N	106°28.4'E	30°08.2'N	106°08.4'E	38	238	04m58.7s
01:20	31°35.8'N	109°33.7'E	29°27.6'N	110°04.6'E	30°31.8'N	109°50.3'E	43	241	05m12.4s
01:25	31°50.1'N	113°00.4'E	29°39.2'N	113°20.4'E	30°44.7'N	113°11.4'E	46	243	05m24.9s
01:30	31°55.4'N	116°10.3'E	29°42.6'N	116°20.2'E	30°49.0'N	116°16.1'E	50	246	05m36.4s
01:35	31°53.1'N	119°06.7'E	29°39.1'N	119°07.1'E	30°46.0'N	119°07.6'E	54	248	05m46.8s
01:40	31°44.2'N	121°51.7'E	29°29.5'N	121°43.1'E	30°36.8'N	121°48.0'E	57	249	05m56.2s
01:45	31°29.5'N	124°26.9'E	29°14.6'N	124°09.9'E	30°22.0'N	124°18.9'E	60	251	06m04.6s
01:50	31°09.7'N	126°53.6'E	28°54.9'N	126°28.7'E	30°02.2'N	126°41.5'E	63	252	06m12.2s
01:55	30°45.2'N	129°12.9'E	28°31.0'N	128°40.5'E	29°38.0'N	128°56.9'E	66	254	06m18.8s
02:00	30°16.4'N	131°25.5'E	28°03.1'N	130°46.1'E	29°09.7'N	131°05.9'E	69	255	06m24.4s
02:05	29°43.7'N	133°32.1'E	27°31.5'N	132°46.3'E	28°37.6'N	133°09.2'E	72	256	06m29.2s
02:10	29°07.4'N	135°33.5'E	26°56.5'N	134°41.6'E	28°01.9'N	135°07.5'E	75	256	06m33.0s
02:15	28°27.5'N	137°30.1'E	26°18.3'N	136°32.6'E	27°22.9'N	137°01.2'E	78	257	06m35.9s
02:20	27°44.5'N	139°22.5'E	25°37.0'N	138°19.8'E	26°40.7'N	138°51.0'E	80	258	06m38.0s
02:25	26°58.3'N	141°11.2'E	24°52.7'N	140°03.7'E	25°55.5'N	140°37.2'E	83	258	06m39.1s
02:30	26°09.1'N	142°56.6'E	24°05.6'N	141°44.7'E	25°07.4'N	142°20.4'E	85	258	06m39.4s
02:35	25°17.1'N	144°39.1'E	23°15.7'N	143°23.2'E	24°16.4'N	144°00.9'E	86	258	06m38.9s
02:40	24°22.2'N	146°19.3'E	22°23.0'N	144°59.7'E	23°22.7'N	145°39.2'E	85	259	06m37.5s
02:45	23°24.6'N	147°57.5'E	21°27.7'N	146°34.5'E	22°26.2'N	147°15.7'E	83	259	06m35.4s
02:50	22°24.2'N	149°34.2'E	20°29.6'N	148°08.2'E	21°27.0'N	148°50.8'E	81	259	06m32.5s
02:55	21°21.1'N	151°09.8'E	19°28.9'N	149°41.1'E	20°25.1'N	150°25.1'E	78	258	06m28.8s
03:00	20°15.2'N	152°45.0'E	18°25.3'N	151°13.7'E	19°20.4'N	151°58.9'E	76	258	06m24.4s
03:05	19°06.4'N	154°20.0'E	17°18.8'N	152°46.4'E	18°12.8'N	153°32.8'E	73	258	06m19.3s
03:10	17°54.6'N	155°55.6'E	16°09.4'N	154°20.0'E	17°02.2'N	155°07.4'E	70	257	06m13.5s
03:15	16°39.7'N	157°32.4'E	14°56.9'N	155°54.9'E	15°48.5'N	156°43.2'E	67	257	06m07.0s
03:20	15°21.5'N	159°11.2'E	13°41.0'N	157°31.8'E	14°31.5'N	158°21.0'E	64	256	05m59.9s
03:25	13°59.7'N	160°52.7'E	12°21.6'N	159°11.7'E	13°10.9'N	160°01.7'E	61	255	05m52.1s
03:30	12°33.9'N	162°38.0'E	10°58.2'N	160°55.5'E	11°46.4'N	161°46.2'E	58	255	05m43.7s
03:35	11°03.8'N	164°28.4'E	09°30.5'N	162°44.4'E	10°17.4'N	163°35.9'E	54	253	05m34.6s
03:40	09°28.7'N	166°25.5'E	07°57.8'N	164°40.0'E	08°43.6'N	165°32.2'E	51	252	05m24.8s
03:45	07°47.7'N	168°31.5'E	06°19.4'N	166°44.3'E	07°03.9'N	167°37.3'E	47	250	05m14.2s
03:50	05°59.7'N	170°49.4'E	04°34.1'N	169°00.3'E	05°17.3'N	169°54.2'E	43	248	05m02.9s
03:55	04°02.9'N	173°23.6'E	02°40.3'N	171°32.2'E	03°22.0'N	172°27.2'E	39	245	04m50.5s
04:00	01°54.5'N	176°21.2'E	00°35.3'N	174°26.6'E	01°15.4'N	175°23.1'E	34	241	04m37.0s
04:05	00°30.6'S	179°55.0'E	01°45.5'S	177°55.2'E	01°07.5'S	178°54.1'E	29	237	04m21.7s
04:10	03°23.5'S	175°26.9'W	04°31.7'S	177°37.0'W	03°56.8'S	176°33.3'W	22	230	04m03.9s
04:15	07°22.2'S	168°06.3'W	08°13.3'S	170°51.5'W	07°46.2'S	169°32.1'W	13	220	03m40.1s
Limits	12°04.6'S	157°16.3'W	13°44.8'S	158°05.9'W	12°54.7'S	157°41.3'W	0	205	03m08.7s

TABLE 4

PHYSICAL EPHEMERIS OF THE UMBRAL SHADOW
TOTAL SOLAR ECLIPSE OF 2009 JULY 22

$\Delta T = 65.9$ s

Universal Time	Central Line Latitude	Central Line Longitude	Diameter Ratio	Eclipse Obscur.	Sun Alt °	Sun Azm °	Path Width km	Major Axis km	Minor Axis km	Umbra Veloc. km/s	Central Durat.
00:52.9	20°21.7'N	070°31.1'E	1.0610	1.1258	0.0	68.3	205.5	-	200.3	-	03m09.4s
00:55	24°22.4'N	081°53.2'E	1.0648	1.1339	11.7	72.9	216.6	1049.3	212.1	4.703	03m38.4s
01:00	27°05.9'N	091°02.1'E	1.0679	1.1405	21.5	77.5	225.1	606.9	221.5	2.427	04m06.1s
01:05	28°34.2'N	097°06.2'E	1.0699	1.1447	28.1	81.0	230.4	484.1	227.6	1.795	04m26.3s
01:10	29°30.9'N	101°58.2'E	1.0715	1.1480	33.5	84.1	234.5	421.2	232.3	1.472	04m43.5s
01:15	30°08.2'N	106°08.4'E	1.0727	1.1508	38.3	87.0	237.9	381.8	236.2	1.269	04m58.7s
01:20	30°31.8'N	109°50.3'E	1.0738	1.1531	42.5	89.7	240.8	354.5	239.4	1.128	05m12.4s
01:25	30°44.7'N	113°11.4'E	1.0748	1.1551	46.5	92.3	243.3	334.3	242.3	1.024	05m24.9s
01:30	30°49.0'N	116°16.1'E	1.0756	1.1569	50.2	94.9	245.6	318.8	244.7	0.945	05m36.4s
01:35	30°46.0'N	119°07.6'E	1.0763	1.1584	53.7	97.4	247.5	306.5	246.9	0.882	05m46.8s
01:40	30°36.8'N	121°48.0'E	1.0769	1.1598	57.1	100.0	249.3	296.6	248.8	0.831	05m56.2s
01:45	30°22.0'N	124°18.9'E	1.0775	1.1610	60.3	102.5	250.9	288.5	250.5	0.790	06m04.6s
01:50	30°02.2'N	126°41.5'E	1.0780	1.1620	63.4	105.1	252.3	281.8	251.9	0.756	06m12.2s
01:55	29°38.0'N	128°56.9'E	1.0784	1.1629	66.4	107.9	253.6	276.3	253.2	0.729	06m18.8s
02:00	29°09.7'N	131°05.9'E	1.0788	1.1637	69.4	110.9	254.6	271.8	254.3	0.706	06m24.4s
02:05	28°37.6'N	133°09.2'E	1.0791	1.1644	72.3	114.3	255.6	268.0	255.2	0.688	06m29.2s
02:10	28°01.9'N	135°07.5'E	1.0793	1.1650	75.1	118.3	256.3	265.0	256.0	0.673	06m33.0s
02:15	27°22.9'N	137°01.2'E	1.0795	1.1654	77.8	123.3	257.0	262.6	256.6	0.662	06m35.9s
02:20	26°40.7'N	138°51.0'E	1.0797	1.1658	80.4	130.4	257.5	260.8	257.1	0.654	06m38.0s
02:25	25°55.5'N	140°37.2'E	1.0798	1.1660	82.9	141.4	257.9	259.5	257.4	0.649	06m39.1s
02:30	25°07.4'N	142°20.4'E	1.0799	1.1661	84.9	161.0	258.2	258.8	257.6	0.646	06m39.4s
02:35	24°16.4'N	144°00.9'E	1.0799	1.1662	85.9	195.1	258.4	258.5	257.7	0.646	06m38.9s
02:40	23°22.7'N	145°39.2'E	1.0799	1.1661	85.1	231.1	258.5	258.7	257.6	0.648	06m37.5s
02:45	22°26.2'N	147°15.7'E	1.0798	1.1660	83.2	252.6	258.6	259.3	257.4	0.653	06m35.4s
02:50	21°27.0'N	148°50.8'E	1.0797	1.1657	80.8	264.3	258.5	260.5	257.1	0.660	06m32.5s
02:55	20°25.1'N	150°25.1'E	1.0795	1.1654	78.2	271.4	258.4	262.2	256.6	0.670	06m28.8s
03:00	19°20.4'N	151°58.9'E	1.0793	1.1649	75.5	276.3	258.1	264.4	255.9	0.682	06m24.4s
03:05	18°12.8'N	153°32.8'E	1.0790	1.1643	72.7	279.8	257.8	267.3	255.1	0.697	06m19.3s
03:10	17°02.2'N	155°07.4'E	1.0787	1.1637	69.8	282.5	257.4	270.9	254.2	0.716	06m13.5s
03:15	15°48.5'N	156°43.2'E	1.0784	1.1629	66.9	284.7	256.9	275.3	253.1	0.739	06m07.0s
03:20	14°31.5'N	158°21.0'E	1.0779	1.1619	63.9	286.5	256.3	280.6	251.8	0.766	05m59.9s
03:25	13°10.9'N	160°01.7'E	1.0774	1.1609	60.8	288.0	255.5	287.0	250.3	0.799	05m52.1s
03:30	11°46.4'N	161°46.2'E	1.0769	1.1597	57.5	289.4	254.5	294.8	248.7	0.838	05m43.7s
03:35	10°17.4'N	163°35.9'E	1.0763	1.1583	54.2	290.5	253.3	304.4	246.8	0.886	05m34.6s
03:40	08°43.6'N	165°32.2'E	1.0755	1.1568	50.7	291.4	251.8	316.2	244.6	0.946	05m24.8s
03:45	07°03.9'N	167°37.3'E	1.0747	1.1550	47.0	292.3	250.0	331.1	242.2	1.021	05m14.2s
03:50	05°17.3'N	169°54.2'E	1.0738	1.1530	43.1	292.9	247.8	350.4	239.4	1.118	05m02.9s
03:55	03°22.0'N	172°27.2'E	1.0727	1.1507	38.9	293.5	244.9	376.4	236.1	1.249	04m50.5s
04:00	01°15.4'N	175°23.1'E	1.0715	1.1480	34.2	293.8	241.3	413.5	232.3	1.437	04m37.0s
04:05	01°07.5'S	178°54.1'E	1.0700	1.1448	28.9	294.0	236.7	471.7	227.7	1.734	04m21.7s
04:10	03°56.8'S	176°33.3'W	1.0680	1.1407	22.4	293.8	230.4	581.1	221.8	2.294	04m03.9s
04:15	07°46.2'S	169°32.1'W	1.0652	1.1346	13.4	293.0	220.4	920.7	213.1	4.043	03m40.1s
04:17.8	12°54.7'S	157°41.3'W	1.0608	1.1253	0.0	290.8	204.7	-	199.6	-	03m08.7s

Total Solar Eclipse of 2009 July 22

TABLE 5

LOCAL CIRCUMSTANCES ON THE CENTRAL LINE
TOTAL SOLAR ECLIPSE OF 2009 JULY 22

ΔT = 65.9 s

Central Line Maximum Eclipse			First Contact				Second Contact			Third Contact			Fourth Contact			
U.T.	Durat.	Alt	U.T.	P	V	Alt	U.T.	P	V	U.T.	P	V	U.T.	P	V	Alt
00:55	03m38.4s	12	23:59:47	279	343	0	00:53:11	100	168	00:56:50	280	348	01:56:17	101	173	25
01:00	04m06.1s	21	00:00:49	280	345	9	00:57:57	101	169	01:02:03	281	349	02:06:15	102	173	36
01:05	04m26.3s	28	00:02:52	281	346	15	01:02:47	102	170	01:07:14	282	350	02:14:46	104	173	43
01:10	04m43.5s	34	00:05:19	282	347	20	01:07:39	103	171	01:12:22	283	351	02:22:38	105	173	49
01:15	04m58.7s	38	00:08:01	283	348	24	01:12:31	104	172	01:17:30	285	352	02:30:04	107	173	54
01:20	05m12.4s	43	00:10:54	284	349	28	01:17:24	105	172	01:22:37	286	352	02:37:09	108	172	59
01:25	05m24.9s	46	00:13:55	285	350	31	01:22:18	106	173	01:27:43	287	353	02:43:57	109	171	63
01:30	05m36.4s	50	00:17:04	285	352	35	01:27:12	108	174	01:32:49	288	354	02:50:29	110	169	67
01:35	05m46.8s	54	00:20:19	286	353	38	01:32:07	109	174	01:37:54	289	354	02:56:46	111	166	70
01:40	05m56.2s	57	00:23:40	287	354	41	01:37:02	110	175	01:42:59	290	354	03:02:50	112	161	74
01:45	06m04.6s	60	00:27:08	288	355	44	01:41:58	111	175	01:48:03	291	355	03:08:41	113	154	76
01:50	06m12.2s	63	00:30:41	289	357	46	01:46:54	112	175	01:53:06	292	355	03:14:21	114	144	79
01:55	06m18.8s	66	00:34:21	290	358	49	01:51:51	113	175	01:58:10	293	354	03:19:50	115	130	80
02:00	06m24.4s	69	00:38:07	291	359	52	01:56:48	113	175	02:03:12	294	354	03:25:09	116	112	81
02:05	06m29.2s	72	00:41:59	292	1	55	02:01:46	114	174	02:08:15	295	353	03:30:19	117	93	81
02:10	06m33.0s	75	00:45:58	293	2	57	02:06:44	115	173	02:13:17	296	351	03:35:20	118	78	80
02:15	06m35.9s	78	00:50:04	293	4	60	02:11:42	116	171	02:18:18	296	347	03:40:13	119	67	78
02:20	06m38.0s	80	00:54:17	294	6	63	02:16:41	117	167	02:23:19	297	341	03:44:59	119	59	76
02:25	06m39.1s	83	00:58:38	295	7	65	02:21:40	118	160	02:28:19	298	330	03:49:38	120	53	74
02:30	06m39.4s	85	01:03:06	296	9	68	02:26:40	119	145	02:33:20	299	309	03:54:10	120	49	72
02:35	06m38.9s	86	01:07:42	297	12	70	02:31:40	119	115	02:38:19	299	274	03:58:37	121	46	69
02:40	06m37.5s	85	01:12:26	298	14	73	02:36:41	120	75	02:43:18	300	244	04:02:59	121	43	67
02:45	06m35.4s	83	01:17:19	298	18	76	02:41:42	121	51	02:48:17	301	228	04:07:15	122	41	64
02:50	06m32.5s	81	01:22:20	299	22	79	02:46:43	121	40	02:53:16	301	219	04:11:27	122	40	62
02:55	06m28.8s	78	01:27:30	300	28	81	02:51:45	122	34	02:58:14	302	214	04:15:34	122	38	59
03:00	06m24.4s	76	01:32:48	301	39	84	02:56:47	122	30	03:03:12	302	211	04:19:37	123	37	57
03:05	06m19.3s	73	01:38:16	301	64	86	03:01:50	123	28	03:08:09	303	209	04:23:37	123	36	54
03:10	06m13.5s	70	01:43:52	302	113	87	03:06:53	123	26	03:13:06	303	207	04:27:32	123	35	52
03:15	06m07.0s	67	01:49:38	302	150	85	03:11:56	123	25	03:18:03	303	206	04:31:24	123	34	49
03:20	05m59.9s	64	01:55:32	303	166	82	03:16:59	123	24	03:22:59	303	205	04:35:13	123	33	46
03:25	05m52.1s	61	02:01:36	303	174	79	03:22:03	123	24	03:27:55	303	204	04:38:57	123	32	44
03:30	05m43.7s	58	02:07:48	303	179	76	03:27:08	124	23	03:32:51	304	204	04:42:38	123	31	41
03:35	05m34.6s	54	02:14:10	304	182	72	03:32:12	124	22	03:37:47	303	203	04:46:16	123	30	38
03:40	05m24.8s	51	02:20:41	304	184	68	03:37:17	123	22	03:42:42	303	202	04:49:49	123	29	34
03:45	05m14.2s	47	02:27:23	304	186	64	03:42:22	123	21	03:47:36	303	202	04:53:17	122	28	31
03:50	05m02.9s	43	02:34:15	304	187	60	03:47:28	123	20	03:52:31	303	201	04:56:40	122	27	28
03:55	04m50.5s	39	02:41:19	303	188	55	03:52:34	123	20	03:57:25	302	200	04:59:56	121	26	24
04:00	04m37.0s	34	02:48:38	303	189	50	03:57:41	122	19	04:02:18	302	199	05:03:04	121	25	20
04:05	04m21.7s	29	02:56:16	302	190	44	04:02:49	121	18	04:07:10	301	198	05:06:00	120	23	15
04:10	04m03.9s	22	03:04:24	302	190	37	04:07:58	120	17	04:12:01	300	197	05:08:35	119	21	9
04:15	03m40.1s	13	03:13:36	300	190	27	04:13:10	119	15	04:16:50	299	195	05:10:24	118	19	1

TABLE 6

TOPOCENTRIC DATA AND PATH CORRECTIONS DUE TO LUNAR LIMB PROFILE
TOTAL SOLAR ECLIPSE OF 2009 JULY 22

$\Delta T = 65.9$ s

Universal Time	Moon Topo H.P. "	Moon Topo S.D. "	Moon Rel. Ang.V "/s	Topo Lib. Long °	Sun Alt. °	Sun Az. °	Path Az. °	North Limit P.A. °	North Limit Int. '	North Limit Ext. '	South Limit Int. '	South Limit Ext. '	Central Durat. Corr. s
00:55	3693.6	1005.7	0.561	1.51	11.7	72.9	70.3	9.9	-0.1	0.7	0.5	-2.0	-0.9
01:00	3704.4	1008.7	0.521	1.47	21.5	77.5	73.3	11.2	0.0	0.6	0.4	-1.8	-1.3
01:05	3711.3	1010.6	0.496	1.43	28.1	81.0	76.1	12.3	0.1	0.7	0.3	-2.2	-1.4
01:10	3716.8	1012.0	0.476	1.39	33.5	84.1	78.9	13.4	0.2	0.7	0.2	-2.4	-1.4
01:15	3721.2	1013.2	0.460	1.35	38.3	87.0	81.6	14.5	0.4	0.8	0.0	-2.2	-1.4
01:20	3725.0	1014.2	0.446	1.30	42.5	89.7	84.4	15.5	0.4	0.9	-0.2	-1.7	-1.5
01:25	3728.3	1015.1	0.435	1.26	46.5	92.3	87.1	16.5	0.4	1.1	-0.4	-2.0	-1.7
01:30	3731.2	1015.9	0.424	1.22	50.2	94.9	89.8	17.6	0.5	1.2	-0.6	-2.2	-1.5
01:35	3733.7	1016.6	0.416	1.18	53.7	97.4	92.5	18.6	0.4	1.2	-0.7	-2.1	-1.6
01:40	3736.0	1017.2	0.408	1.13	57.1	100.0	95.2	19.6	0.4	0.9	-0.7	-2.5	-1.6
01:45	3737.9	1017.7	0.401	1.09	60.3	102.5	97.8	20.7	0.3	0.8	-0.6	-3.0	-2.2
01:50	3739.7	1018.2	0.396	1.05	63.4	105.1	100.4	21.7	0.3	0.7	-0.5	-3.1	-2.3
01:55	3741.2	1018.6	0.391	1.01	66.4	107.9	102.9	22.6	0.3	0.7	-0.4	-3.1	-2.6
02:00	3742.5	1018.9	0.387	0.96	69.4	110.9	105.4	23.6	0.3	0.8	-0.3	-2.9	-2.8
02:05	3743.6	1019.2	0.384	0.92	72.3	114.3	107.8	24.5	0.2	0.7	-0.3	-2.9	-2.8
02:10	3744.5	1019.5	0.381	0.88	75.1	118.3	110.1	25.4	0.2	0.6	-0.3	-2.6	-2.8
02:15	3745.2	1019.7	0.380	0.84	77.8	123.3	112.3	26.3	0.2	0.7	-0.3	-2.1	-2.7
02:20	3745.8	1019.8	0.378	0.79	80.4	130.4	114.4	27.2	0.3	1.0	-0.3	-1.4	-2.6
02:25	3746.2	1019.9	0.378	0.75	82.9	141.4	116.4	28.0	0.3	1.0	-0.3	-1.5	-2.5
02:30	3746.4	1020.0	0.378	0.71	84.9	161.0	118.3	28.7	0.3	0.9	-0.4	-1.6	-2.3
02:35	3746.5	1020.0	0.378	0.66	85.9	195.1	120.0	29.4	0.3	0.7	-0.2	-1.7	-2.3
02:40	3746.4	1020.0	0.380	0.62	85.1	231.1	121.7	30.1	0.3	0.7	-0.1	-1.7	-2.0
02:45	3746.2	1019.9	0.381	0.58	83.2	252.6	123.2	30.7	0.3	1.0	-0.0	-1.7	-1.6
02:50	3745.8	1019.8	0.384	0.54	80.8	264.3	124.5	31.2	0.3	1.1	0.1	-1.7	-1.3
02:55	3745.2	1019.7	0.386	0.49	78.2	271.4	125.7	31.8	0.3	1.1	0.1	-1.7	-1.2
03:00	3744.4	1019.5	0.390	0.45	75.5	276.3	126.8	32.2	0.4	1.1	0.2	-1.8	-0.8
03:05	3743.5	1019.2	0.394	0.41	72.7	279.8	127.7	32.6	0.4	1.0	0.2	-1.9	-0.6
03:10	3742.4	1018.9	0.398	0.37	69.8	282.5	128.4	32.9	0.4	1.0	0.2	-1.9	-0.3
03:15	3741.1	1018.6	0.403	0.32	66.9	284.7	129.0	33.2	0.5	1.0	0.3	-1.9	-0.1
03:20	3739.6	1018.2	0.409	0.28	63.9	286.5	129.4	33.4	0.5	1.0	0.2	-1.9	-0.2
03:25	3737.8	1017.7	0.415	0.24	60.8	288.0	129.6	33.5	0.5	1.0	0.3	-1.8	-0.2
03:30	3735.9	1017.2	0.423	0.20	57.5	289.4	129.6	33.5	0.5	1.0	0.3	-1.8	-0.2
03:35	3733.6	1016.6	0.431	0.15	54.2	290.5	129.5	33.5	0.5	1.0	0.3	-1.8	-0.2
03:40	3731.1	1015.9	0.439	0.11	50.7	291.4	129.1	33.4	0.5	1.0	0.2	-1.9	-0.3
03:45	3728.2	1015.1	0.449	0.07	47.0	292.3	128.5	33.2	0.5	1.0	0.2	-1.9	-0.5
03:50	3725.0	1014.2	0.460	0.03	43.1	292.9	127.6	32.9	0.5	1.0	0.2	-1.9	-0.6
03:55	3721.2	1013.2	0.473	-0.02	38.9	293.5	126.5	32.5	0.5	1.0	0.2	-1.9	-0.9
04:00	3716.8	1012.0	0.487	-0.06	34.2	293.8	125.0	32.0	0.4	1.2	0.1	-1.8	-1.2
04:05	3711.5	1010.6	0.505	-0.10	28.9	294.0	123.1	31.3	0.4	1.2	0.0	-1.7	-1.6
04:10	3704.7	1008.8	0.527	-0.14	22.4	293.8	120.6	30.3	0.4	0.9	-0.1	-1.9	-1.9
04:15	3694.7	1006.1	0.559	-0.19	13.4	293.0	116.8	28.8	0.4	0.9	-0.3	-1.7	-2.2

Total Solar Eclipse of 2009 July 22

TABLE 7

MAPPING COORDINATES FOR THE UMBRAL PATH
TOTAL SOLAR ECLIPSE OF 2009 JULY 22

ΔT = 65.9 s

Longitude	Latitude of:			Circumstances on Central Line				
	Northern Limit	Southern Limit	Central Line	Universal Time h m s	Sun Alt °	Sun Az. °	Path Width km	Central Durat.
072°00.0'E	21°55.30'N	19°54.78'N	20°54.80'N	00:52:53	1.5	68.8	206.9	03m12.7s
073°00.0'E	22°17.65'N	20°16.67'N	21°16.92'N	00:52:57	2.5	69.2	207.9	03m15.1s
074°00.0'E	22°39.77'N	20°38.34'N	21°38.81'N	00:53:03	3.5	69.6	208.9	03m17.6s
075°00.0'E	23°01.65'N	20°59.78'N	22°00.48'N	00:53:11	4.6	70.0	209.9	03m20.1s
076°00.0'E	23°23.29'N	21°20.99'N	22°21.90'N	00:53:21	5.6	70.3	210.9	03m22.6s
077°00.0'E	23°44.66'N	21°41.95'N	22°43.07'N	00:53:33	6.6	70.7	211.8	03m25.2s
078°00.0'E	24°05.76'N	22°02.65'N	23°03.97'N	00:53:46	7.7	71.2	212.8	03m27.8s
079°00.0'E	24°26.57'N	22°23.07'N	23°24.59'N	00:54:02	8.7	71.6	213.8	03m30.5s
080°00.0'E	24°47.08'N	22°43.20'N	23°44.91'N	00:54:20	9.7	72.0	214.8	03m33.2s
081°00.0'E	25°07.27'N	23°03.04'N	24°04.93'N	00:54:40	10.8	72.5	215.7	03m36.0s
082°00.0'E	25°27.14'N	23°22.56'N	24°24.63'N	00:55:03	11.8	72.9	216.7	03m38.8s
083°00.0'E	25°46.67'N	23°41.75'N	24°44.00'N	00:55:27	12.9	73.4	217.7	03m41.6s
084°00.0'E	26°05.85'N	24°00.61'N	25°03.02'N	00:55:53	13.9	73.8	218.6	03m44.5s
085°00.0'E	26°24.66'N	24°19.11'N	25°21.68'N	00:56:22	15.0	74.3	219.6	03m47.5s
086°00.0'E	26°43.10'N	24°37.25'N	25°39.97'N	00:56:53	16.1	74.8	220.5	03m50.4s
087°00.0'E	27°01.14'N	24°55.01'N	25°57.88'N	00:57:25	17.1	75.3	221.4	03m53.5s
088°00.0'E	27°18.78'N	25°12.37'N	26°15.39'N	00:58:00	18.2	75.8	222.3	03m56.5s
089°00.0'E	27°36.00'N	25°29.33'N	26°32.48'N	00:58:38	19.3	76.4	223.3	03m59.6s
090°00.0'E	27°52.79'N	25°45.87'N	26°49.15'N	00:59:17	20.3	76.9	224.2	04m02.8s
091°00.0'E	28°09.13'N	26°01.98'N	27°05.38'N	00:59:59	21.4	77.4	225.1	04m06.0s
092°00.0'E	28°25.02'N	26°17.64'N	27°21.16'N	01:00:42	22.5	78.0	226.0	04m09.2s
093°00.0'E	28°40.44'N	26°32.84'N	27°36.48'N	01:01:28	23.6	78.6	226.9	04m12.5s
094°00.0'E	28°55.38'N	26°47.57'N	27°51.31'N	01:02:16	24.7	79.1	227.7	04m15.8s
095°00.0'E	29°09.82'N	27°01.81'N	28°05.66'N	01:03:07	25.8	79.7	228.6	04m19.2s
096°00.0'E	29°23.75'N	27°15.54'N	28°19.50'N	01:03:59	26.9	80.3	229.5	04m22.5s
097°00.0'E	29°37.16'N	27°28.76'N	28°32.82'N	01:04:54	28.0	80.9	230.3	04m26.0s
098°00.0'E	29°50.03'N	27°41.45'N	28°45.61'N	01:05:51	29.1	81.5	231.2	04m29.4s
099°00.0'E	30°02.36'N	27°53.60'N	28°57.85'N	01:06:51	30.2	82.2	232.0	04m32.9s
100°00.0'E	30°14.13'N	28°05.19'N	29°09.53'N	01:07:52	31.3	82.8	232.9	04m36.5s
101°00.0'E	30°25.32'N	28°16.20'N	29°20.64'N	01:08:56	32.4	83.5	233.7	04m40.0s
102°00.0'E	30°35.93'N	28°26.63'N	29°31.17'N	01:10:02	33.5	84.1	234.5	04m43.6s
103°00.0'E	30°45.94'N	28°36.46'N	29°41.09'N	01:11:10	34.7	84.8	235.4	04m47.2s
104°00.0'E	30°55.33'N	28°45.67'N	29°50.40'N	01:12:21	35.8	85.5	236.2	04m50.8s
105°00.0'E	31°04.10'N	28°54.26'N	29°59.08'N	01:13:34	36.9	86.2	237.0	04m54.5s
106°00.0'E	31°12.23'N	29°02.20'N	30°07.13'N	01:14:49	38.1	86.9	237.8	04m58.2s
107°00.0'E	31°19.71'N	29°09.47'N	30°14.51'N	01:16:07	39.2	87.6	238.6	05m01.9s
108°00.0'E	31°26.52'N	29°16.08'N	30°21.22'N	01:17:27	40.4	88.3	239.4	05m05.6s
109°00.0'E	31°32.66'N	29°21.99'N	30°27.25'N	01:18:49	41.6	89.1	240.1	05m09.3s
110°00.0'E	31°38.09'N	29°27.19'N	30°32.58'N	01:20:14	42.7	89.8	240.9	05m13.0s
111°00.0'E	31°42.82'N	29°31.67'N	30°37.19'N	01:21:41	43.9	90.6	241.7	05m16.8s
112°00.0'E	31°46.83'N	29°35.41'N	30°41.06'N	01:23:10	45.1	91.4	242.4	05m20.5s
113°00.0'E	31°50.10'N	29°38.39'N	30°44.19'N	01:24:42	46.3	92.2	243.2	05m24.2s
114°00.0'E	31°52.61'N	29°40.59'N	30°46.56'N	01:26:17	47.5	93.0	243.9	05m28.0s
115°00.0'E	31°54.35'N	29°42.01'N	30°48.14'N	01:27:53	48.7	93.8	244.6	05m31.7s
116°00.0'E	31°55.31'N	29°42.61'N	30°48.93'N	01:29:33	49.9	94.7	245.4	05m35.4s
117°00.0'E	31°55.47'N	29°42.38'N	30°48.90'N	01:31:15	51.1	95.5	246.1	05m39.0s
118°00.0'E	31°54.80'N	29°41.30'N	30°48.03'N	01:32:59	52.3	96.4	246.8	05m42.7s
119°00.0'E	31°53.30'N	29°39.35'N	30°46.31'N	01:34:46	53.5	97.3	247.5	05m46.3s

TABLE 7 – CONTINUED

MAPPING COORDINATES FOR THE UMBRAL PATH
TOTAL SOLAR ECLIPSE OF 2009 JULY 22

$\Delta T = 65.9$ s

Longitude	Latitude of:			Circumstances on Central Line				
	Northern Limit	Southern Limit	Central Line	Universal Time h m s	Sun Alt °	Sun Az. °	Path Width km	Central Durat.
120°00.0'E	31°50.94'N	29°36.50'N	30°43.71'N	01:36:36	54.8	98.2	248.1	05m49.9s
121°00.0'E	31°47.70'N	29°32.75'N	30°40.22'N	01:38:28	56.0	99.2	248.8	05m53.4s
122°00.0'E	31°43.57'N	29°28.06'N	30°35.82'N	01:40:23	57.3	100.1	249.5	05m56.9s
123°00.0'E	31°38.52'N	29°22.41'N	30°30.47'N	01:42:21	58.6	101.1	250.1	06m00.3s
124°00.0'E	31°32.53'N	29°15.77'N	30°24.17'N	01:44:21	59.9	102.2	250.7	06m03.6s
125°00.0'E	31°25.58'N	29°08.13'N	30°16.88'N	01:46:25	61.2	103.2	251.3	06m06.9s
126°00.0'E	31°17.65'N	28°59.46'N	30°08.59'N	01:48:31	62.5	104.3	251.9	06m10.0s
127°00.0'E	31°08.71'N	28°49.73'N	29°59.26'N	01:50:40	63.8	105.5	252.5	06m13.1s
128°00.0'E	30°58.74'N	28°38.91'N	29°48.88'N	01:52:52	65.2	106.7	253.1	06m16.1s
129°00.0'E	30°47.72'N	28°26.99'N	29°37.41'N	01:55:07	66.5	108.0	253.6	06m18.9s
130°00.0'E	30°35.61'N	28°13.92'N	29°24.83'N	01:57:25	67.9	109.3	254.1	06m21.6s
131°00.0'E	30°22.39'N	27°59.68'N	29°11.11'N	01:59:46	69.3	110.8	254.6	06m24.2s
132°00.0'E	30°08.04'N	27°44.25'N	28°56.23'N	02:02:10	70.7	112.3	255.1	06m26.6s
133°00.0'E	29°52.53'N	27°27.59'N	28°40.15'N	02:04:37	72.1	114.0	255.5	06m28.8s
134°00.0'E	29°35.82'N	27°09.67'N	28°22.85'N	02:07:07	73.5	115.9	255.9	06m30.9s
135°00.0'E	29°17.90'N	26°50.48'N	28°04.30'N	02:09:41	74.9	118.0	256.3	06m32.8s
136°00.0'E	28°58.73'N	26°29.97'N	27°44.47'N	02:12:17	76.3	120.4	256.7	06m34.5s
137°00.0'E	28°38.28'N	26°08.13'N	27°23.33'N	02:14:57	77.8	123.3	257.0	06m35.9s
138°00.0'E	28°16.53'N	25°44.92'N	27°00.86'N	02:17:39	79.2	126.7	257.3	06m37.1s
139°00.0'E	27°53.46'N	25°20.33'N	26°37.03'N	02:20:25	80.6	131.1	257.6	06m38.1s
140°00.0'E	27°29.03'N	24°54.34'N	26°11.83'N	02:23:14	82.0	136.8	257.8	06m38.8s
141°00.0'E	27°03.24'N	24°26.92'N	25°45.23'N	02:26:06	83.3	144.7	258.0	06m39.3s
142°00.0'E	26°36.05'N	23°58.07'N	25°17.21'N	02:29:00	84.5	156.1	258.2	06m39.4s
143°00.0'E	26°07.45'N	23°27.78'N	24°47.77'N	02:31:57	85.4	172.6	258.3	06m39.3s
144°00.0'E	25°37.43'N	22°56.04'N	24°16.89'N	02:34:57	85.9	194.8	258.4	06m38.9s
145°00.0'E	25°05.98'N	22°22.86'N	23°44.57'N	02:38:00	85.6	218.1	258.5	06m38.2s
146°00.0'E	24°33.11'N	21°48.26'N	23°10.82'N	02:41:04	84.8	236.9	258.6	06m37.1s
147°00.0'E	23°58.81'N	21°12.24'N	22°35.65'N	02:44:11	83.6	250.0	258.6	06m35.8s
148°00.0'E	23°23.10'N	20°34.85'N	21°59.09'N	02:47:19	82.1	258.9	258.5	06m34.1s
149°00.0'E	22°46.00'N	19°56.11'N	21°21.15'N	02:50:29	80.6	265.2	258.5	06m32.1s
150°00.0'E	22°07.54'N	19°16.09'N	20°41.89'N	02:53:40	78.9	269.8	258.4	06m29.8s
151°00.0'E	21°27.76'N	18°34.83'N	20°01.35'N	02:56:52	77.2	273.4	258.3	06m27.2s
152°00.0'E	20°46.72'N	17°52.41'N	19°19.59'N	03:00:04	75.5	276.3	258.1	06m24.3s
153°00.0'E	20°04.47'N	17°08.92'N	18°36.69'N	03:03:15	73.7	278.7	257.9	06m21.1s
154°00.0'E	19°21.09'N	16°24.44'N	17°52.72'N	03:06:27	71.9	280.6	257.7	06m17.7s
155°00.0'E	18°36.66'N	15°39.07'N	17°07.78'N	03:09:37	70.1	282.3	257.5	06m14.0s
156°00.0'E	17°51.27'N	14°52.93'N	16°21.97'N	03:12:45	68.2	283.8	257.2	06m10.0s
157°00.0'E	17°05.02'N	14°06.12'N	15°35.39'N	03:15:52	66.4	285.0	256.8	06m05.8s
158°00.0'E	16°18.02'N	13°18.75'N	14°48.17'N	03:18:56	64.5	286.2	256.4	06m01.5s
159°00.0'E	15°30.39'N	12°30.97'N	14°00.42'N	03:21:57	62.7	287.1	256.0	05m56.9s
160°00.0'E	14°42.25'N	11°42.87'N	13°12.25'N	03:24:55	60.8	288.0	255.5	05m52.3s
161°00.0'E	13°53.72'N	10°54.59'N	12°23.80'N	03:27:49	59.0	288.8	255.0	05m47.5s
162°00.0'E	13°04.91'N	10°06.24'N	11°35.18'N	03:30:39	57.1	289.5	254.4	05m42.6s
163°00.0'E	12°15.95'N	09°17.94'N	10°46.51'N	03:33:24	55.3	290.1	253.7	05m37.6s
164°00.0'E	11°26.96'N	08°29.78'N	09°57.90'N	03:36:04	53.5	290.7	253.0	05m32.6s
165°00.0'E	10°38.05'N	07°41.87'N	09°09.46'N	03:38:39	51.7	291.2	252.3	05m27.5s
166°00.0'E	09°49.32'N	06°54.29'N	08°21.28'N	03:41:09	49.9	291.6	251.5	05m22.4s
167°00.0'E	09°00.87'N	06°07.13'N	07°33.46'N	03:43:33	48.1	292.0	250.6	05m17.4s
168°00.0'E	08°12.79'N	05°20.47'N	06°46.07'N	03:45:52	46.4	292.4	249.7	05m12.3s
169°00.0'E	07°25.17'N	04°34.37'N	05°59.19'N	03:48:05	44.6	292.7	248.7	05m07.3s

Total Solar Eclipse of 2009 July 22

TABLE 7 – CONTINUED

MAPPING COORDINATES FOR THE UMBRAL PATH
TOTAL SOLAR ECLIPSE OF 2009 JULY 22

ΔT = 65.9 s

Longitude	Latitude of:			Circumstances on Central Line				
	Northern Limit	Southern Limit	Central Line	Universal Time h m s	Sun Alt °	Sun Az. °	Path Width km	Central Durat.
170°00.0'E	06°38.07'N	03°48.88'N	05°12.89'N	03:50:12	42.9	293.0	247.7	05m02.4s
171°00.0'E	05°51.56'N	03°04.05'N	04°27.21'N	03:52:13	41.3	293.2	246.6	04m57.5s
172°00.0'E	05°05.69'N	02°19.92'N	03°42.21'N	03:54:09	39.6	293.4	245.5	04m52.7s
173°00.0'E	04°20.52'N	01°36.54'N	02°57.93'N	03:56:00	38.0	293.5	244.3	04m47.9s
174°00.0'E	03°36.08'N	00°53.91'N	02°14.40'N	03:57:44	36.4	293.7	243.1	04m43.3s
175°00.0'E	02°52.40'N	00°12.07'N	01°31.65'N	03:59:23	34.8	293.8	241.8	04m38.7s
176°00.0'E	02°09.50'N	00°28.97'S	00°49.69'N	04:00:57	33.2	293.9	240.6	04m34.2s
177°00.0'E	01°27.42'N	01°09.20'S	00°08.54'N	04:02:26	31.7	293.9	239.3	04m29.8s
178°00.0'E	00°46.16'N	01°48.61'S	00°31.79'S	04:03:49	30.2	294.0	237.9	04m25.5s
179°00.0'E	00°05.73'N	02°27.20'S	01°11.29'S	04:05:07	28.7	294.0	236.6	04m21.3s
180°00.0'E	00°33.87'S	03°04.97'S	01°49.96'S	04:06:21	27.3	294.0	235.2	04m17.3s
179°00.0'W	01°12.62'S	03°41.92'S	02°27.80'S	04:07:30	25.8	293.9	233.8	04m13.3s
178°00.0'W	01°50.54'S	04°18.06'S	03°04.82'S	04:08:35	24.4	293.9	232.4	04m09.4s
177°00.0'W	02°27.63'S	04°53.40'S	03°41.01'S	04:09:35	23.0	293.9	231.0	04m05.6s
176°00.0'W	03°03.88'S	05°27.94'S	04°16.40'S	04:10:31	21.7	293.8	229.6	04m01.9s
175°00.0'W	03°39.32'S	06°01.69'S	04°50.97'S	04:11:22	20.3	293.7	228.2	03m58.3s
174°00.0'W	04°13.94'S	06°34.66'S	05°24.76'S	04:12:10	19.0	293.6	226.7	03m54.7s
173°00.0'W	04°47.77'S	07°06.87'S	05°57.76'S	04:12:54	17.7	293.5	225.3	03m51.3s
172°00.0'W	05°20.80'S	07°38.32'S	06°29.99'S	04:13:35	16.4	293.4	223.9	03m48.0s
171°00.0'W	05°53.06'S	08°09.04'S	07°01.47'S	04:14:12	15.2	293.3	222.5	03m44.7s
170°00.0'W	06°24.56'S	08°39.03'S	07°32.20'S	04:14:46	13.9	293.1	221.1	03m41.6s
169°00.0'W	06°55.31'S	09°08.30'S	08°02.19'S	04:15:16	12.7	293.0	219.7	03m38.5s
168°00.0'W	07°25.32'S	09°36.87'S	08°31.47'S	04:15:43	11.5	292.8	218.3	03m35.5s
167°00.0'W	07°54.60'S	10°04.76'S	09°00.05'S	04:16:07	10.3	292.6	216.9	03m32.6s
166°00.0'W	08°23.18'S	10°31.97'S	09°27.93'S	04:16:29	9.1	292.5	215.5	03m29.7s
165°00.0'W	08°51.07'S	10°58.53'S	09°55.14'S	04:16:47	8.0	292.3	214.2	03m27.0s
164°00.0'W	09°18.27'S	11°24.43'S	10°21.68'S	04:17:03	6.9	292.1	212.8	03m24.3s
163°00.0'W	09°44.80'S	11°49.70'S	10°47.57'S	04:17:16	5.7	291.9	211.5	03m21.6s
162°00.0'W	10°10.68'S	12°14.35'S	11°12.82'S	04:17:27	4.6	291.7	210.2	03m19.1s
161°00.0'W	10°35.92'S	12°38.39'S	11°37.45'S	04:17:35	3.5	291.5	208.9	03m16.6s
160°00.0'W	11°00.54'S	13°01.83'S	12°01.47'S	04:17:42	2.4	291.3	207.6	03m14.1s
159°00.0'W	11°24.53'S	13°24.69'S	12°24.89'S	04:17:45	1.4	291.1	206.3	03m11.7s

TABLE 8

MAPPING COORDINATES FOR THE ZONES OF GRAZING ECLIPSE
TOTAL SOLAR ECLIPSE OF 2009 JULY 22

ΔT =   65.9 s

Longitude	North Graze Zone Latitudes		Northern Limit	South Graze Zone Latitudes		Southern Limit	Path Azm	Elev Fact	Scale Fact
	Northern Limit	Southern Limit	Universal Time	Northern Limit	Southern Limit	Universal Time	°		km/"
			h m s			h m s			
071°00.0'E	21°33.27'N	21°32.67'N	00:53:14	19°32.69'N	19°32.69'N	00:52:31	68.6	0.15	1.75
072°00.0'E	21°55.85'N	21°55.22'N	00:53:17	19°54.78'N	19°54.78'N	00:52:32	68.6	-0.16	1.76
073°00.0'E	22°18.20'N	22°17.57'N	00:53:22	20°16.67'N	20°16.67'N	00:52:35	68.6	-0.23	1.78
074°00.0'E	22°40.34'N	22°39.69'N	00:53:29	20°38.34'N	20°38.34'N	00:52:40	68.7	-0.26	1.79
075°00.0'E	23°02.23'N	23°01.58'N	00:53:37	20°59.78'N	20°59.78'N	00:52:47	68.7	-0.27	1.80
076°00.0'E	23°23.88'N	23°23.22'N	00:53:48	21°21.56'N	21°19.21'N	00:52:56	68.8	-0.28	1.80
077°00.0'E	23°45.27'N	23°44.59'N	00:54:01	21°42.51'N	21°40.09'N	00:53:07	69.1	-0.25	1.79
078°00.0'E	24°06.38'N	24°05.69'N	00:54:15	22°03.21'N	22°00.75'N	00:53:20	69.3	-0.24	1.78
079°00.0'E	24°27.21'N	24°26.51'N	00:54:32	22°23.62'N	22°21.16'N	00:53:35	69.6	-0.23	1.78
080°00.0'E	24°47.73'N	24°47.02'N	00:54:51	22°43.75'N	22°41.28'N	00:53:52	69.8	-0.23	1.78
081°00.0'E	25°07.93'N	25°07.22'N	00:55:11	23°03.57'N	23°01.09'N	00:54:12	70.1	-0.22	1.77
082°00.0'E	25°27.81'N	25°27.09'N	00:55:34	23°23.09'N	23°20.60'N	00:54:33	70.3	-0.22	1.77
083°00.0'E	25°47.34'N	25°46.63'N	00:55:59	23°42.28'N	23°39.79'N	00:54:57	70.6	-0.21	1.77
084°00.0'E	26°06.52'N	26°05.82'N	00:56:26	24°01.12'N	23°58.64'N	00:55:23	70.9	-0.21	1.77
085°00.0'E	26°25.30'N	26°24.64'N	00:56:55	24°19.62'N	24°17.14'N	00:55:51	71.2	-0.21	1.77
086°00.0'E	26°43.72'N	26°43.08'N	00:57:26	24°37.75'N	24°35.28'N	00:56:21	71.5	-0.20	1.77
087°00.0'E	27°01.75'N	27°01.13'N	00:58:00	24°55.48'N	24°53.07'N	00:56:54	71.8	-0.20	1.77
088°00.0'E	27°19.36'N	27°18.77'N	00:58:35	25°12.84'N	25°10.45'N	00:57:28	72.2	-0.19	1.77
089°00.0'E	27°36.58'N	27°36.00'N	00:59:13	25°29.79'N	25°27.44'N	00:58:05	72.5	-0.19	1.76
090°00.0'E	27°53.41'N	27°52.81'N	00:59:52	25°46.32'N	25°44.01'N	00:58:44	72.9	-0.19	1.76
091°00.0'E	28°09.80'N	28°09.16'N	01:00:34	26°02.41'N	26°00.16'N	00:59:25	73.3	-0.18	1.76
092°00.0'E	28°25.72'N	28°25.06'N	01:01:18	26°18.05'N	26°15.88'N	01:00:09	73.7	-0.18	1.76
093°00.0'E	28°41.16'N	28°40.50'N	01:02:04	26°33.24'N	26°31.05'N	01:00:55	74.2	-0.18	1.76
094°00.0'E	28°56.11'N	28°55.45'N	01:02:52	26°47.95'N	26°45.68'N	01:01:43	74.6	-0.17	1.76
095°00.0'E	29°10.55'N	29°09.90'N	01:03:42	27°02.16'N	26°59.82'N	01:02:34	75.1	-0.17	1.76
096°00.0'E	29°24.47'N	29°23.85'N	01:04:35	27°15.88'N	27°13.47'N	01:03:26	75.6	-0.16	1.76
097°00.0'E	29°37.87'N	29°37.28'N	01:05:29	27°29.08'N	27°26.61'N	01:04:21	76.1	-0.16	1.75
098°00.0'E	29°50.73'N	29°50.18'N	01:06:26	27°41.75'N	27°39.23'N	01:05:19	76.6	-0.15	1.75
099°00.0'E	30°03.06'N	30°02.53'N	01:07:25	27°53.87'N	27°51.33'N	01:06:18	77.2	-0.15	1.75
100°00.0'E	30°14.82'N	30°14.32'N	01:08:26	28°05.43'N	28°02.87'N	01:07:20	77.7	-0.15	1.75
101°00.0'E	30°26.00'N	30°25.54'N	01:09:29	28°16.42'N	28°13.86'N	01:08:25	78.3	-0.14	1.75
102°00.0'E	30°36.64'N	30°36.17'N	01:10:35	28°26.81'N	28°24.28'N	01:09:32	78.9	-0.14	1.75
103°00.0'E	30°46.68'N	30°46.21'N	01:11:42	28°36.61'N	28°34.11'N	01:10:41	79.5	-0.13	1.75
104°00.0'E	30°56.10'N	30°55.64'N	01:12:52	28°45.79'N	28°43.35'N	01:11:52	80.2	-0.13	1.75
105°00.0'E	31°04.88'N	31°04.44'N	01:14:04	28°54.33'N	28°51.97'N	01:13:07	80.9	-0.12	1.75
106°00.0'E	31°13.00'N	31°12.61'N	01:15:18	29°02.23'N	28°59.97'N	01:14:23	81.5	-0.12	1.75
107°00.0'E	31°20.48'N	31°20.09'N	01:16:34	29°09.46'N	29°07.34'N	01:15:42	82.3	-0.11	1.74
108°00.0'E	31°27.36'N	31°26.90'N	01:17:53	29°16.02'N	29°14.05'N	01:17:03	83.0	-0.11	1.74
109°00.0'E	31°33.55'N	31°33.04'N	01:19:14	29°21.88'N	29°20.11'N	01:18:27	83.7	-0.11	1.74
110°00.0'E	31°39.03'N	31°38.48'N	01:20:37	29°27.03'N	29°25.47'N	01:19:53	84.5	-0.10	1.74
111°00.0'E	31°43.83'N	31°43.21'N	01:22:02	29°31.43'N	29°30.00'N	01:21:22	85.3	-0.10	1.74
112°00.0'E	31°47.89'N	31°47.23'N	01:23:30	29°35.10'N	29°33.59'N	01:22:54	86.1	-0.09	1.74
113°00.0'E	31°51.18'N	31°50.51'N	01:24:59	29°38.02'N	29°36.44'N	01:24:27	86.9	-0.09	1.74
114°00.0'E	31°53.69'N	31°53.03'N	01:26:32	29°40.15'N	29°38.54'N	01:26:04	87.8	-0.08	1.74
115°00.0'E	31°55.47'N	31°54.79'N	01:28:06	29°41.49'N	29°39.89'N	01:27:43	88.7	-0.08	1.74
116°00.0'E	31°56.49'N	31°55.77'N	01:29:43	29°42.01'N	29°40.45'N	01:29:25	89.6	-0.07	1.74
117°00.0'E	31°56.68'N	31°55.94'N	01:31:22	29°41.74'N	29°40.22'N	01:31:10	90.5	-0.07	1.74
118°00.0'E	31°56.02'N	31°55.26'N	01:33:04	29°40.64'N	29°39.16'N	01:32:57	91.4	-0.07	1.74
119°00.0'E	31°54.48'N	31°53.73'N	01:34:48	29°38.67'N	29°37.26'N	01:34:47	92.4	-0.06	1.74
120°00.0'E	31°52.04'N	31°51.34'N	01:36:35	29°35.81'N	29°34.29'N	01:36:40	93.4	-0.06	1.74

Total Solar Eclipse of 2009 July 22

TABLE 8 – CONTINUED

MAPPING COORDINATES FOR THE ZONES OF GRAZING ECLIPSE
TOTAL SOLAR ECLIPSE OF 2009 JULY 22

ΔT = 65.9 s

Longitude	North Graze Zone Latitudes		Northern Limit	South Graze Zone Latitudes		Southern Limit	Path Azm	Elev Fact	Scale Fact
	Northern Limit	Southern Limit	Universal Time h m s	Northern Limit	Southern Limit	Universal Time h m s	°		km/"
121°00.0'E	31°48.68'N	31°48.08'N	01:38:24	29°32.03'N	29°30.38'N	01:38:35	94.4	-0.06	1.74
122°00.0'E	31°44.43'N	31°43.93'N	01:40:16	29°27.34'N	29°25.49'N	01:40:34	95.4	-0.05	1.74
123°00.0'E	31°39.26'N	31°38.86'N	01:42:10	29°21.75'N	29°19.63'N	01:42:35	96.4	-0.05	1.74
124°00.0'E	31°33.34'N	31°32.85'N	01:44:07	29°15.17'N	29°12.83'N	01:44:39	97.5	-0.05	1.73
125°00.0'E	31°26.42'N	31°25.89'N	01:46:06	29°07.58'N	29°05.08'N	01:46:46	98.5	-0.04	1.73
126°00.0'E	31°18.46'N	31°17.95'N	01:48:08	28°58.96'N	28°56.34'N	01:48:57	99.6	-0.04	1.73
127°00.0'E	31°09.45'N	31°09.01'N	01:50:13	28°49.27'N	28°46.59'N	01:51:10	100.7	-0.04	1.73
128°00.0'E	30°59.41'N	30°59.05'N	01:52:21	28°38.49'N	28°35.77'N	01:53:26	101.8	-0.04	1.73
129°00.0'E	30°48.43'N	30°48.03'N	01:54:32	28°26.60'N	28°23.90'N	01:55:46	103.0	-0.04	1.73
130°00.0'E	30°36.31'N	30°35.90'N	01:56:45	28°13.56'N	28°10.95'N	01:58:08	104.1	-0.04	1.73
131°00.0'E	30°23.15'N	30°22.66'N	01:59:01	27°59.35'N	27°56.78'N	02:00:34	105.3	-0.04	1.73
132°00.0'E	30°08.83'N	30°08.29'N	02:01:21	27°43.94'N	27°41.34'N	02:03:03	106.4	-0.04	1.73
133°00.0'E	29°53.29'N	29°52.75'N	02:03:43	27°27.30'N	27°24.74'N	02:05:35	107.6	-0.04	1.73
134°00.0'E	29°36.50'N	29°36.04'N	02:06:08	27°09.41'N	27°06.99'N	02:08:11	108.8	-0.04	1.73
135°00.0'E	29°18.58'N	29°18.14'N	02:08:36	26°50.22'N	26°47.99'N	02:10:49	109.9	-0.04	1.73
136°00.0'E	28°59.28'N	28°58.96'N	02:11:07	26°29.71'N	26°27.74'N	02:13:31	111.1	-0.04	1.73
137°00.0'E	28°38.87'N	28°38.52'N	02:13:42	26°07.87'N	26°06.21'N	02:16:16	112.3	-0.04	1.73
138°00.0'E	28°17.32'N	28°16.78'N	02:16:19	25°44.65'N	25°43.40'N	02:19:04	113.4	-0.04	1.73
139°00.0'E	27°54.38'N	27°53.72'N	02:18:59	25°20.04'N	25°18.99'N	02:21:55	114.6	-0.05	1.73
140°00.0'E	27°30.03'N	27°29.32'N	02:21:42	24°54.03'N	24°52.84'N	02:24:49	115.7	-0.05	1.74
141°00.0'E	27°04.25'N	27°03.54'N	02:24:29	24°26.58'N	24°25.33'N	02:27:46	116.8	-0.05	1.74
142°00.0'E	26°37.00'N	26°36.36'N	02:27:18	23°57.71'N	23°56.46'N	02:30:46	117.9	-0.06	1.74
143°00.0'E	26°08.35'N	26°07.75'N	02:30:10	23°27.54'N	23°26.16'N	02:33:49	119.0	-0.06	1.74
144°00.0'E	25°38.22'N	25°37.70'N	02:33:05	22°55.88'N	22°54.34'N	02:36:54	120.0	-0.07	1.74
145°00.0'E	25°06.63'N	25°06.25'N	02:36:02	22°22.76'N	22°21.13'N	02:40:01	121.0	-0.08	1.74
146°00.0'E	24°33.76'N	24°33.37'N	02:39:02	21°48.22'N	21°46.53'N	02:43:10	122.0	-0.08	1.74
147°00.0'E	23°59.64'N	23°59.07'N	02:42:04	21°12.26'N	21°10.57'N	02:46:21	122.9	-0.09	1.74
148°00.0'E	23°24.06'N	23°23.37'N	02:45:08	20°34.92'N	20°33.18'N	02:49:34	123.8	-0.10	1.74
149°00.0'E	22°47.04'N	22°46.28'N	02:48:14	19°56.23'N	19°54.44'N	02:52:47	124.6	-0.11	1.74
150°00.0'E	22°08.62'N	22°07.84'N	02:51:21	19°16.21'N	19°14.37'N	02:56:01	125.4	-0.11	1.74
151°00.0'E	21°28.89'N	21°28.10'N	02:54:29	18°34.99'N	18°33.03'N	02:59:16	126.1	-0.12	1.75
152°00.0'E	20°47.82'N	20°47.08'N	02:57:38	17°52.60'N	17°50.56'N	03:02:30	126.8	-0.13	1.75
153°00.0'E	20°05.51'N	20°04.85'N	03:00:48	17°09.14'N	17°07.03'N	03:05:44	127.4	-0.14	1.75
154°00.0'E	19°22.10'N	19°21.48'N	03:03:57	16°24.68'N	16°22.54'N	03:08:56	127.9	-0.15	1.75
155°00.0'E	18°37.66'N	18°37.07'N	03:07:06	15°39.33'N	15°37.18'N	03:12:07	128.4	-0.16	1.75
156°00.0'E	17°52.30'N	17°51.70'N	03:10:14	14°53.20'N	14°51.04'N	03:15:16	128.8	-0.17	1.76
157°00.0'E	17°06.06'N	17°05.47'N	03:13:20	14°06.34'N	14°04.23'N	03:18:22	129.1	-0.18	1.76
158°00.0'E	16°19.07'N	16°18.48'N	03:16:24	13°19.00'N	13°16.89'N	03:21:26	129.3	-0.19	1.76
159°00.0'E	15°31.44'N	15°30.92'N	03:19:26	12°31.22'N	12°29.12'N	03:24:25	129.5	-0.20	1.77
160°00.0'E	14°43.29'N	14°42.79'N	03:22:26	11°43.13'N	11°41.03'N	03:27:21	129.6	-0.21	1.77
161°00.0'E	13°54.76'N	13°54.26'N	03:25:21	10°54.85'N	10°52.75'N	03:30:13	129.6	-0.21	1.77
162°00.0'E	13°05.95'N	13°05.45'N	03:28:13	10°06.50'N	10°04.40'N	03:33:00	129.6	-0.22	1.78
163°00.0'E	12°16.99'N	12°16.50'N	03:31:01	09°18.19'N	09°16.09'N	03:35:42	129.5	-0.23	1.78
164°00.0'E	11°28.00'N	11°27.50'N	03:33:44	08°30.03'N	08°27.91'N	03:38:19	129.4	-0.24	1.78
165°00.0'E	10°39.09'N	10°38.58'N	03:36:23	07°42.11'N	07°39.98'N	03:40:50	129.2	-0.24	1.78
166°00.0'E	09°50.36'N	09°49.85'N	03:38:56	06°54.52'N	06°52.39'N	03:43:16	129.0	-0.25	1.79
167°00.0'E	09°01.91'N	09°01.40'N	03:41:25	06°07.35'N	06°05.22'N	03:45:36	128.7	-0.26	1.79
168°00.0'E	08°13.83'N	08°13.34'N	03:43:47	05°20.68'N	05°18.54'N	03:47:51	128.4	-0.26	1.79
169°00.0'E	07°26.20'N	07°25.70'N	03:46:04	04°34.57'N	04°32.43'N	03:49:59	128.0	-0.27	1.79
170°00.0'E	06°39.10'N	06°38.59'N	03:48:16	03°49.06'N	03°46.94'N	03:52:02	127.6	-0.27	1.80

TABLE 8 – CONTINUED

MAPPING COORDINATES FOR THE ZONES OF GRAZING ECLIPSE
TOTAL SOLAR ECLIPSE OF 2009 JULY 22

$\Delta T = 65.9$ s

Longitude	North Graze Zone Latitudes		Northern Limit	South Graze Zone Latitudes		Southern Limit	Path Azm	Elev Fact	Scale Fact
	Northern Limit	Southern Limit	Universal Time h m s	Northern Limit	Southern Limit	Universal Time h m s	°		km/"
171°00.0'E	05°52.58'N	05°52.07'N	03:50:22	03°04.22'N	03°02.12'N	03:53:59	127.2	−0.28	1.80
172°00.0'E	05°06.70'N	05°06.19'N	03:52:22	02°20.08'N	02°18.02'N	03:55:51	126.7	−0.28	1.80
173°00.0'E	04°21.52'N	04°21.00'N	03:54:16	01°36.68'N	01°34.66'N	03:57:37	126.2	−0.28	1.80
174°00.0'E	03°37.14'N	03°36.54'N	03:56:05	00°54.04'N	00°52.09'N	03:59:17	125.7	−0.28	1.80
175°00.0'E	02°53.50'N	02°52.85'N	03:57:49	00°12.18'N	00°10.31'N	04:00:52	125.2	−0.28	1.80
176°00.0'E	02°10.65'N	02°09.94'N	03:59:27	00°28.88'S	00°30.68'S	04:02:22	124.7	−0.29	1.80
177°00.0'E	01°28.59'N	01°27.84'N	04:00:59	01°09.13'S	01°10.92'S	04:03:47	124.2	−0.29	1.80
178°00.0'E	00°47.34'N	00°46.57'N	04:02:27	01°48.60'S	01°50.32'S	04:05:06	123.6	−0.29	1.80
179°00.0'E	00°06.91'N	00°06.13'N	04:03:49	02°27.21'S	02°28.98'S	04:06:21	123.1	−0.29	1.80
180°00.0'E	00°32.70'S	00°33.42'S	04:05:06	03°05.00'S	03°06.80'S	04:07:31	122.5	−0.29	1.80
179°00.0'W	01°11.48'S	01°12.19'S	04:06:19	03°41.98'S	03°43.80'S	04:08:37	122.0	−0.29	1.80
178°00.0'W	01°49.45'S	01°50.12'S	04:07:27	04°18.15'S	04°19.96'S	04:09:38	121.4	−0.29	1.80
177°00.0'W	02°26.59'S	02°27.21'S	04:08:30	04°53.51'S	04°55.30'S	04:10:35	120.9	−0.29	1.80
176°00.0'W	03°02.92'S	03°03.48'S	04:09:29	05°28.07'S	05°29.83'S	04:11:27	120.3	−0.29	1.80
175°00.0'W	03°38.45'S	03°38.92'S	04:10:24	06°01.85'S	06°03.55'S	04:12:16	119.7	−0.28	1.80
174°00.0'W	04°13.17'S	04°13.55'S	04:11:15	06°34.85'S	06°36.48'S	04:13:01	119.2	−0.28	1.80
173°00.0'W	04°47.11'S	04°47.38'S	04:12:02	07°07.09'S	07°08.62'S	04:13:43	118.6	−0.28	1.80
172°00.0'W	05°20.21'S	05°20.42'S	04:12:45	07°38.57'S	07°40.01'S	04:14:21	118.1	−0.28	1.80
171°00.0'W	05°52.43'S	05°52.69'S	04:13:25	08°09.30'S	08°10.69'S	04:14:55	117.6	−0.28	1.80
170°00.0'W	06°23.84'S	06°24.19'S	04:14:01	08°39.27'S	08°40.67'S	04:15:27	117.0	−0.27	1.80
169°00.0'W	06°54.50'S	06°54.93'S	04:14:33	09°08.54'S	09°09.93'S	04:15:55	116.5	−0.27	1.80
168°00.0'W	07°24.43'S	07°24.94'S	04:15:03	09°37.10'S	09°38.46'S	04:16:20	115.9	−0.27	1.79
167°00.0'W	07°53.66'S	07°54.23'S	04:15:29	10°04.98'S	10°06.29'S	04:16:42	115.4	−0.26	1.79
166°00.0'W	08°22.18'S	08°22.81'S	04:15:53	10°32.18'S	10°33.42'S	04:17:01	114.9	−0.26	1.79
165°00.0'W	08°50.03'S	08°50.69'S	04:16:13	10°58.72'S	10°59.89'S	04:17:18	114.3	−0.25	1.79
164°00.0'W	09°17.22'S	09°17.89'S	04:16:31	11°24.62'S	11°25.79'S	04:17:32	113.7	−0.23	1.78
163°00.0'W	09°43.74'S	09°44.44'S	04:16:46	11°49.91'S	11°51.47'S	04:17:44	112.9	−0.17	1.76
162°00.0'W	10°09.62'S	10°10.33'S	04:16:58	12°14.35'S	12°14.35'S	04:17:53	112.5	−0.17	1.76
161°00.0'W	10°34.87'S	10°35.58'S	04:17:08	12°38.39'S	12°38.39'S	04:18:00	112.4	−0.24	1.78
160°00.0'W	10°59.50'S	11°00.19'S	04:17:16	13°01.83'S	13°01.83'S	04:18:05	112.3	−0.39	1.86
159°00.0'W	11°23.51'S	11°24.19'S	04:17:21	13°24.71'S	13°24.71'S	04:18:07	112.2	−0.80	2.22

Total Solar Eclipse of 2009 July 22

TABLE 9
LOCAL CIRCUMSTANCES FOR INDIA
TOTAL SOLAR ECLIPSE OF 2009 JULY 22

Location Name	Latitude	Longitude	Elev. (m)	First Contact U.T. h m s	P °	V °	Alt °	Second Contact U.T. h m s	P °	V °	Third Contact U.T. h m s	P °	V °	Fourth Contact U.T. h m s	P °	V °	Alt °	Maximum Eclipse U.T. h m s	P °	V °	Alt °	Azm °	Eclip. Mag.	Eclip. Obs.	Umbral Depth	Umbral Durat.
INDIA																										
Agra	27°11'N	078°01'E	—	—	—	—	—	—	—	—	—	—	—	01:54:42.2	108	176	22	00:55:51.3	190	254	10	72	0.906	0.895		
Ahmadabad	23°02'N	072°37'E	55	00:00:19.6	278	341	1	—	—	—	—	—	—	01:50:29.4	103	174	15	00:53:42.4	189	256	3	69	0.973	0.977		
Allahabad	25°27'N	081°51'E	—	—	—	—	—	—	—	—	—	—	—	01:56:43.9	103	174	26	00:55:32.0	190	257	12	73	0.999	1.000		
Amritsar	31°35'N	074°53'E	—	—	—	—	—	—	—	—	—	—	—	01:53:51.0	117	180	20	00:58:21.8	190	250	9	72	0.741	0.687		
Ara	25°34'N	084°40'E	—	23:59:59.5	279	343	3	00:54:33.7	83	151	5	00:58:10.3	297		01:59:04.8	102	173	29	00:56:21.6	190	258	15	74	1.066	1.000	0.705	03m37s
Asansol	23°41'N	086°59'E	—	23:59:04.8	284	350	4	—	—	—	—	—	—	01:53:51.0	97	171	31	00:56:17.4	190	258	16	75	0.961	0.963		
Aurangabad	19°53'N	075°20'E	895	—	—	—	—	—	—	—	—	—	—	01:50:18.4	96	170	17	00:52:21.6	9	79	4	70	0.962	0.964		
Bangalore	12°59'N	077°35'E	—	—	—	—	—	—	—	—	—	—	—	01:46:59.6	82	164	16	00:50:38.1	9	86	3	70	0.720	0.660		
Bhagalpur	25°15'N	087°00'E	—	23:59:42.4	281	346	5	00:55:38.3	144	212	00:58:29.0	238	307	02:01:05.1	100	172	31	00:57:03.3	11	79	17	75	1.066	1.000	0.319	02m51s
Bhavnagar	21°46'N	072°09'E	—	23:59:04.8	284	350	4	00:52:13.7	47	114	00:54:12.0	331	39	01:49:51.3	101	173	15	00:53:12.7	189	257	2	69	1.062	1.000	0.209	01m58s
Bhopal	23°16'N	077°24'E	—	—	—	—	—	—	—	—	—	—	—	01:52:52.1	101	173	20	00:53:48.9	189	257	7	71	1.063	1.000		
Bihar	25°11'N	085°31'E	—	23:59:44.0	280	345	3	00:52:14.5	76	144	00:55:23.8	303	11	01:59:39.6	101	173	29	00:56:27.1	10	79	15	74	1.066	0.963	0.679	03m37s
Mumbai	18°58'N	072°50'E	8	—	—	—	—	00:54:39.2	119	188	00:58:15.9	262	330	01:48:55.7	96	170	14	00:52:08.0	10	79	2	69	0.961	0.998		
Burhanpur	21°18'N	076°14'E	—	—	—	—	—	—	—	—	—	—	—	01:51:23.1	98	171	18	00:52:54.8	9	79	5	70	0.996	0.618		
Calicut	11°15'N	075°46'E	—	—	—	—	—	—	—	—	—	—	—	01:45:10.3	80	163	14	00:50:20.6	9	87	1	70	0.686	0.562		
Cochin	09°58'N	076°14'E	—	—	—	—	—	—	—	—	—	—	—	01:44:16.1	77	161	13	00:50:14.5	9	88	1	70	0.640	0.591		
Coimbatore	11°00'N	076°58'E	—	00:00:12.7	279	343	4	00:55:27.1	70	138	00:58:45.9	311	19	01:45:17.1	79	162	15	00:50:17.0	9	88	2	70	0.664	0.591	0.494	03m19s
Darbhanga	26°09'N	085°54'E	—	—	—	—	—	—	—	—	—	—	—	02:00:27.5	102	173	30	00:57:06.1	190	258	16	75	1.066	1.000		
Delhi	28°40'N	077°13'E	—	—	—	—	—	—	—	—	—	—	—	01:54:38.2	111	177	22	00:56:38.4	190	253	9	72	0.852	0.827		
Dhanbad	23°48'N	086°27'E	—	23:59:07.3	283	349	4	—	—	—	—	—	—	01:59:49.7	98	172	30	00:56:07.7	10	80	16	74	0.970	0.973		
Dhule	20°54'N	074°47'E	—	—	—	—	—	—	—	—	—	—	—	01:50:32.4	98	171	17	00:52:44.4	9	78	4	70	0.999	1.000		
Gaya	24°47'N	085°00'E	—	23:59:35.0	281	345	3	00:54:30.1	134	203	00:57:39.3	247	316	01:59:00.5	100	172	29	00:56:04.4	10	79	15	74	1.066	0.999	0.447	03m09s
Gwalior	26°10'N	078°10'E	—	00:00:25.2	282	348	9	—	—	—	—	—	—	01:51:23.1	98	171	18	00:55:20.5	190	255	9	77	0.937	0.934		
Guwahati	26°10'N	091°45'E	—	—	—	—	—	—	—	—	—	—	—	02:06:40.4	106	175	37	00:59:55.7	11	80	22	77	0.998	0.999		
Haora	22°35'N	088°20'E	—	23:58:49.1	286	354	5	—	—	—	—	—	—	02:06:40.4	100	173	32	00:55:20.5	190	255	9	75	0.913	0.905		
Hubli-Dharwar	15°15'N	075°10'E	—	—	—	—	—	—	—	—	—	—	—	02:00:58.2	95	170	32	00:56:24.1	10	82	17	75	0.937	0.788		
Hyderabad	17°23'N	078°29'E	531	—	—	—	—	—	—	—	—	—	—	01:47:40.0	88	167	15	00:51:01.7	9	83	2	69	0.822	0.822		
Indore	22°43'N	075°50'E	—	—	—	—	—	00:51:57.3	76	143	00:55:02.5	303	11	01:50:22.6	90	168	19	00:51:42.4	9	83	6	71	0.849	0.788	0.597	03m05s
Jabalpur	23°10'N	079°57'E	—	—	—	—	—	00:52:35.1	133	202	00:55:33.0	246	315	01:51:48.5	101	172	18	00:54:03.7	11	78	10	72	1.063	1.000	0.452	02m58s
Jaipur	26°55'N	075°49'E	—	—	—	—	—	—	—	—	—	—	—	01:54:42.4	99	172	20	00:54:07.1	189	257	7	70	1.063	1.000		
Jamshedpur	22°48'N	086°11'E	—	23:58:48.3	285	352	3	—	—	—	—	—	—	01:53:18.2	108	176	20	00:55:33.2	190	254	8	71	0.891	0.876		
Jodhpur	26°17'N	073°02'E	—	—	—	—	—	—	—	—	—	—	—	01:59:02.1	96	171	29	00:55:34.2	10	81	15	74	0.940	0.939		
Kanpur	26°28'N	080°21'E	—	00:01:14.4	275	337	0	00:53:59.8	68	136	00:57:07.1	312	20	01:48:55.7	108	176	17	00:55:33.1	190	253	13	73	0.880	0.862	0.471	03m07s
Kanpur	26°28'N	080°21'E	—	00:01:14.4	275	337	4	00:55:08.9	124	193	00:58:40.9	257	325	01:56:01.8	105	175	24	00:55:46.5	190	256	11	73	0.952	0.952	0.597	03m32s
Kolcuta	22°32'N	088°22'E	6	23:58:48.6	287	354	5	00:55:22.8	63	131	00:58:25.4	317	25	01:59:58.6	102	173	30	00:55:46.5	190	258	16	75	1.066	1.000	0.397	03m03s
Lucknow	26°51'N	080°55'E	122	00:01:21.1	275	336	1	—	—	—	—	—	—	01:56:01.8	95	170	32	00:56:23.7	10	82	17	75	0.911	0.902		
Ludhaina	30°54'N	075°51'E	—	—	—	—	—	00:51:18.6	123	191	00:54:17.2	256	324	01:52:50.4	99	172	15	00:56:05.2	190	256	12	73	0.946	0.945	0.601	02m59s
Madras	13°05'N	080°17'E	16	—	—	—	—	00:54:40.2	89	157	00:58:23.8	291	360	01:49:46.4	99	172	15	00:50:29.1	9	89	2	69	1.062	1.000	0.806	03m44s
Madurai	09°56'N	078°07'E	—	—	—	—	—	—	—	—	—	—	—	01:59:29.5	102	173	29	00:56:31.6	190	258	15	74	1.066	1.000		
Meerut	28°59'N	077°42'E	—	—	—	—	—	—	—	—	—	—	—	01:49:04.6	94	170	15	00:50:59.7	9	87	6	70	0.772	0.725		
Mirzapur	25°09'N	082°35'E	—	—	—	—	—	—	—	—	—	—	—	01:48:34.6	97	171	29	00:55:30.2	10	80	15	74	0.693	0.626		
Mumbai	18°58'N	072°50'E	8	—	—	—	—	—	—	—	—	—	—	01:44:42.4	76	161	15	00:50:21.5	9	89	3	70	0.617	0.534		
Munger	25°23'N	086°28'E	—	23:59:46.9	281	345	4	00:55:08.9	83	151	00:57:07.1	312	20	01:55:01.9	111	177	22	00:56:52.3	190	253	10	72	0.848	0.822	0.471	03m07s
Muzaffarpur	26°07'N	085°24'E	—	00:00:13.2	279	342	4	00:55:22.8	63	131	00:58:25.4	317	25	01:48:55.7	79	162	16	00:50:31.0	9	88	3	70	1.065	1.000	0.671	03m32s
Nagpur	21°09'N	079°06'E	—	—	—	—	—	—	—	—	—	—	—	01:48:55.7	96	170	14	00:52:08.0	10	79	2	69	0.961	0.963		
Navsari	20°51'N	072°55'E	—	—	—	—	—	—	—	—	—	—	—	02:00:38.2	101	173	30	00:55:46.5	10	79	16	75	1.066	1.000		
Patna	25°36'N	085°07'E	—	23:59:58.1	279	343	3	00:51:18.6	123	191	00:54:17.2	256	324	01:59:58.6	102	173	30	00:56:53.8	190	258	16	75	1.066	1.000	0.601	02m59s
Pune	18°32'N	073°52'E	—	—	—	—	—	—	—	—	—	—	—	01:52:58.4	95	170	32	00:53:04.9	10	82	17	71	0.960	0.962		
Ranchi	23°21'N	085°20'E	—	23:58:59.9	283	349	3	—	—	—	—	—	—	01:49:46.4	99	172	15	00:52:47.6	9	77	3	69	1.062	1.000		
Sagar	23°50'N	077°43'E	—	—	—	—	—	—	—	—	—	—	—	01:49:46.4	99	172	15	00:52:55.3	9	77	3	69	1.062	1.000		
Salem	11°39'N	078°10'E	—	—	—	—	—	—	—	—	—	—	—	01:56:34.9	106	175	25	00:56:31.6	190	258	15	74	1.066	1.000	0.806	03m44s
Shiliguri	26°42'N	088°26'E	6	00:00:26.4	280	344	6	00:56:33.5	83	151	01:00:20.3	298	6	01:48:18.5	115	179	21	00:57:56.8	190	251	9	72	1.064	1.000	0.495	03m01s
Solapur	17°41'N	075°55'E	—	—	—	—	—	—	—	—	—	—	—	01:46:10.4	79	162	16	00:50:31.0	9	88	3	70	0.671	0.600		
Srinagar	34°05'N	074°49'E	—	00:10:12.4	259	313	1	—	—	—	—	—	—	02:03:11.7	102	173	33	00:58:26.5	191	259	19	76	1.067	1.000	0.697	03m47s
Surat	21°10'N	072°50'E	—	—	—	—	—	—	—	—	—	—	—	01:51:38.8	92	169	17	00:51:38.8	9	82	4	70	0.887	0.871		
Tiruchchirappal	10°49'N	078°41'E	—	—	—	—	—	—	—	—	—	—	—	01:49:24.7	121	182	21	01:00:05.4	190	248	10	72	0.668	0.596		
Tiruvandrum	08°29'N	076°55'E	—	—	—	—	—	00:52:54.4	37	105	00:54:29.8	341	49	01:54:07.3	99	172	15	00:52:55.3	9	77	3	69	1.062	1.000	0.947	03m14s
Ujjain	23°11'N	076°46'E	—	—	—	—	—	00:52:46.3	30	98	00:53:56.9	348	56	01:49:52.3	77	161	16	00:50:12.5	9	90	1	70	0.639	0.560		
Vadodara	22°18'N	073°12'E	—	—	—	—	—	—	—	—	—	—	—	01:43:07.9	74	159	13	00:50:12.5	9	90	1	70	0.585	0.496		
Varanasi	25°20'N	083°00'E	—	00:00:04.4	279	342	2	00:54:14.7	65	132	00:57:16.2	315	23	01:57:34.7	102	173	27	00:55:45.1	190	258	13	74	1.065	1.000	0.424	03m01s
Vijayawada	16°31'N	080°37'E	—	—	—	—	—	—	—	—	—	—	—	01:50:56.1	87	166	21	00:51:46.7	9	84	8	71	0.798	0.758		
Vishakhapatnam	17°42'N	083°18'E	—	—	—	—	—	—	—	—	—	—	—	01:53:26.7	88	167	24	00:52:43.7	10	85	11	72	0.807	0.770		

F. Espenak and J. Anderson

TABLE 10
LOCAL CIRCUMSTANCES FOR CHINA — 1
TOTAL SOLAR ECLIPSE OF 2009 JULY 22

Location Name	Latitude	Longitude	Elev. (m)	First Contact U.T. h m s	P °	V °	Alt °	Second Contact U.T. h m s	P °	V °	Third Contact U.T. h m s	P °	V °	Fourth Contact U.T. h m s	P °	V °	Alt °	Maximum Eclipse U.T. h m s	P °	V °	Alt °	Azm °	Eclip. Mag.	Eclip. Obs.	Umbral Depth	Umbral Durat.
CHINA																										
Anqing	30°31'N	117°02'E	—	00:17:46.8	286	353	35	01:28:33.5	123	190	01:34:00.7	272	339	02:52:16.1	110	168	68	01:31:16.5	18	84	51	95	1.076	1.000	0.733	05m27s
Anshan	41°08'N	122°59'E	—	00:33:45.0	268	320	43	—	—	—	—	—	—	02:54:08.5	132	160	66	01:41:58.7	200	246	55	117	0.680	0.613		
Baotou	40°40'N	109°59'E	—	00:21:15.7	266	320	31	—	—	—	—	—	—	02:33:31.5	127	174	55	01:24:43.6	196	249	43	100	0.698	0.635		
Beijing	39°55'N	116°25'E	—	00:25:15.3	267	324	36	—	—	—	—	—	—	02:44:36.7	127	168	62	01:32:21.4	198	250	49	106	0.730	0.674		
Benxi	41°18'N	123°45'E	—	00:34:53.1	267	319	44	—	—	—	—	—	—	02:55:09.1	132	159	66	01:43:08.2	200	245	56	118	0.673	0.604		
Changchun	43°53'N	125°19'E	—	00:40:31.4	263	310	45	—	—	—	—	—	—	02:53:39.5	138	160	64	01:45:37.3	200	240	56	124	0.583	0.495		
Changsha	28°12'N	112°58'E	49	00:12:45.0	289	358	31	—	—	—	—	—	—	02:43:52.2	104	172	64	01:24:06.9	16	87	46	89	0.951	0.953		
Changshu	31°39'N	120°45'E	—	00:22:40.9	285	350	40	01:36:26.8	50	114	01:39:26.8	348	52	02:59:45.8	114	162	72	01:37:56.5	199	263	56	100	1.077	1.000	0.142	03m00s
Changzhou	31°47'N	119°57'E	—	00:21:44.6	285	350	39	01:35:29.9	39	103	01:37:28.9	359	62	02:57:56.0	114	164	71	01:36:29.1	199	263	55	100	1.076	1.000	0.060	01m59s
Chao'an	23°41'N	116°38'E	—	00:17:03.2	299	14	34	—	—	—	—	—	—	02:52:35.0	97	174	69	01:30:32.3	18	95	51	86	0.794	0.755		
Chaoxian	31°36'N	117°52'E	—	00:19:11.8	284	350	36	01:30:50.0	62	127	01:34:47.6	334	38	02:53:33.0	112	167	69	01:32:48.4	198	263	52	97	1.076	1.000	0.283	03m58s
Chengdu	30°39'N	104°04'E	—	00:07:06.3	281	345	22	01:11:10.9	56	123	01:14:26.4	332	38	02:26:23.3	107	173	52	01:12:48.3	194	260	36	86	1.072	1.000	0.260	03m16s
Chifeng	42°18'N	119°00'E	—	00:31:05.1	265	316	39	—	—	—	—	—	—	02:46:17.8	132	167	62	01:36:35.3	198	246	51	112	0.649	0.575		
Chongqing	29°34'N	106°35'E	261	00:07:59.9	284	350	24	01:13:16.4	140	208	01:17:22.2	249	317	02:30:50.5	105	173	55	01:15:18.8	15	83	39	87	1.000	1.000	0.424	04m06s
Daqing	39°13'N	118°51'E	—	00:26:04.4	271	326	39	—	—	—	—	—	—	02:49:27.4	127	165	64	01:35:34.3	198	250	52	108	0.702	0.702		
Datong	46°03'N	124°50'E	—	00:43:34.4	258	303	45	—	—	—	—	—	—	02:49:24.0	142	163	62	01:45:12.5	200	237	54	126	0.514	0.415		
Daxian	31°18'N	107°30'E	—	00:13:46.2	281	346	26	01:16:12.0	38	104	01:18:10.4	352	58	02:32:12.9	110	173	56	01:17:10.9	195	261	40	89	1.073	1.000	0.079	01m58s
Dongguan	23°03'N	113°46'E	—	00:13:46.2	299	14	31	—	—	—	—	—	—	02:45:13.8	95	174	65	01:25:02.0	17	94	47	84	0.774	0.730		
Echeng	30°24'N	114°51'E	—	00:15:23.6	286	352	33	01:25:00.5	128	195	01:30:09.8	266	333	02:47:33.7	109	170	65	01:27:34.6	17	84	48	93	1.075	1.000	0.639	05m09s
Enshi	30°17'N	109°19'E	—	00:10:21.6	284	350	28	01:16:39.4	116	183	01:21:44.8	275	342	02:36:08.2	107	172	58	01:19:11.5	15	83	42	89	1.074	1.000	0.817	05m05s
Fuling	29°42'N	107°21'E	—	00:08:35.9	284	350	25	01:14:13.4	137	205	01:18:29.6	252	320	02:32:18.7	106	173	56	01:16:21.0	15	83	40	87	1.000	1.000	0.464	04m16s
Fushun	41°52'N	123°53'E	—	00:35:48.9	266	317	44	—	—	—	—	—	—	02:54:33.7	134	160	65	01:43:22.9	200	244	56	119	0.654	0.580		
Fuxian	39°37'N	121°17'E	—	00:30:42.4	270	325	42	—	—	—	—	—	—	02:54:28.4	129	161	66	01:40:21.5	199	249	55	113	0.733	0.679		
Fuzhou	26°06'N	119°19'E	—	00:19:56.6	295	7	37	—	—	—	—	—	—	02:59:05.4	103	170	73	01:35:36.5	19	92	54	91	0.879	0.863		
Guangyuan	32°26'N	105°52'E	—	00:09:25.4	279	342	24	—	—	—	—	—	—	02:29:35.1	111	174	54	01:15:42.6	195	259	38	89	0.958	0.961		
Guangzhou	23°06'N	113°16'E	—	00:13:10.8	299	13	30	—	—	—	—	—	—	02:44:06.8	95	174	64	01:24:06.8	16	94	46	84	0.776	0.733		
Guiyang	26°35'N	106°43'E	18	00:06:58.7	290	359	24	—	—	—	—	—	—	02:30:33.6	100	172	55	01:14:25.5	14	86	38	84	0.914	0.907		
Haicheng	40°52'N	122°45'E	—	00:33:07.5	268	321	43	—	—	—	—	—	—	02:54:07.0	131	160	66	01:41:36.2	200	246	55	116	0.690	0.625		
Handan	36°37'N	114°29'E	—	00:21:37.5	274	333	34	—	—	—	—	—	—	02:43:49.4	120	169	62	01:28:35.2	197	255	48	100	0.840	0.814		
Hangzhou	30°15'N	120°10'E	—	00:21:26.1	288	355	39	01:34:16.7	134	200	01:39:35.8	264	330	02:59:23.4	111	164	72	01:36:55.8	19	85	55	98	1.077	1.000	0.582	05m19s
Harbin	45°45'N	126°41'E	145	00:45:17.3	259	303	46	—	—	—	—	—	—	02:52:23.1	142	161	63	01:47:39.4	200	236	56	129	0.517	0.419		
Hefei	31°51'N	117°17'E	—	00:18:40.3	284	349	36	01:30:50.3	39	103	01:32:50.5	357	61	02:54:23.7	114	167	68	01:31:50.1	198	262	51	97	1.076	1.000	0.065	02m00s
Heze	35°17'N	115°27'E	—	00:19:13.7	277	338	35	—	—	—	—	—	—	02:46:29.1	118	168	64	01:29:35.0	197	257	49	102	0.886	0.872		
Hohhot	40°51'N	111°40'E	—	00:22:40.7	266	320	32	—	—	—	—	—	—	02:36:03.0	128	173	57	01:26:45.3	197	249	44	102	0.695	0.631		
Huaide	43°32'N	124°50'E	—	00:39:23.5	263	312	45	—	—	—	—	—	—	02:54:54.4	200	241	56	123	0.596	0.510							
Huainan	32°40'N	117°00'E	—	00:18:49.6	282	346	36	—	—	—	—	—	—	02:51:07.8	114	167	67	01:31:28.1	198	261	51	98	0.975	0.980		
Huangshi	30°13'N	115°05'E	—	00:15:33.4	286	353	33	01:25:35.5	139	207	01:30:17.3	255	322	02:48:07.3	109	170	66	01:27:55.9	17	84	49	93	1.075	1.000	0.468	04m42s
Huzhou	30°52'N	120°06'E	—	00:21:13.2	286	353	39	01:33:53.7	102	167	01:39:40.6	296	1	02:58:46.6	113	164	72	01:36:46.6	199	264	56	99	1.077	1.000	0.871	05m47s
Jiaxing	30°46'N	120°45'E	—	00:22:20.6	287	353	40	01:35:04.3	105	170	01:40:55.7	293	358	03:00:22.4	112	163	72	01:37:59.5	199	264	56	99	1.077	1.000	0.927	05m51s
Jilin	43°51'N	126°33'E	—	00:42:01.1	263	310	46	—	—	—	—	—	—	02:55:29.4	139	158	65	01:47:22.9	201	239	57	126	0.579	0.491		
Jinan	36°40'N	116°57'E	—	00:22:00.1	275	334	36	—	—	—	—	—	—	02:48:20.4	117	167	64	01:32:10.2	198	255	50	103	0.839	0.812		
Jingmen	31°00'N	112°09'E	—	00:13:06.4	284	349	30	—	—	—	—	—	—	02:41:44.4	109	171	62	01:23:29.0	196	262	45	92	1.074	1.000	0.719	05m08s
Jinshi	29°39'N	111°52'E	—	00:12:12.0	286	353	30	01:21:46.6	176	244	01:23:37.8	216	285	02:41:22.5	108	170	62	01:22:41.9	16	84	45	90	1.074	1.000	0.062	01m51s
Jiujiang	29°36'N	115°52'E	—	00:16:09.7	288	355	33	—	—	—	—	—	—	02:50:01.8	108	170	63	01:29:10.3	17	85	50	93	0.996	0.999		
Jixi	45°17'N	130°59'E	—	00:50:17.6	260	302	50	—	—	—	—	—	—	02:58:52.0	144	153	65	01:53:41.8	202	233	59	136	0.513	0.414		
Kunming	25°05'N	102°40'E	1893	00:03:56.8	290	360	19	—	—	—	—	—	—	02:28:38.6	104	173	54	01:13:38.7	14	83	37	81	0.884	0.869		
Laiwu	36°12'N	117°42'E	—	00:22:18.6	276	336	37	—	—	—	—	—	—	02:50:06.9	121	166	65	01:33:01.1	199	256	51	103	0.854	0.832		
Lanzhou	36°03'N	103°41'E	—	00:11:44.6	271	330	24	—	—	—	—	—	—	02:25:28.6	118	175	50	01:15:18.3	194	254	36	90	0.829	0.799		
Lengshuichang	29°27'N	106°26'E	—	00:07:50.5	284	350	24	01:13:13.6	146	214	01:16:57.2	243	311	02:30:33.1	105	173	55	01:15:18.0	14	83	39	87	1.073	1.000	0.333	03m44s
Leshan	29°34'N	103°45'E	—	00:06:16.1	283	348	21	01:09:35.7	116	184	01:14:18.7	271	339	02:25:41.4	105	173	52	01:11:56.7	14	82	36	85	1.072	1.000	0.783	04m43s
Liling	27°40'N	113°30'E	—	00:13:10.1	290	360	31	—	—	—	—	—	—	02:45:05.4	103	172	64	01:24:54.4	17	88	47	89	0.932	0.930		
Lu'an	31°44'N	116°31'E	—	00:17:46.6	284	349	35	01:28:58.2	52	116	01:32:06.7	343	48	02:50:36.0	112	168	67	01:30:32.1	198	262	50	96	1.076	1.000	0.172	03m08s
Lüda	38°53'N	121°35'E	—	00:29:31.7	272	328	41	—	—	—	—	—	—	02:54:35.5	127	161	67	01:39:36.7	199	250	55	111	0.759	0.711		
Luoyang	34°41'N	112°28'E	—	00:16:01.4	277	338	31	—	—	—	—	—	—	02:41:08.4	116	171	61	01:26:18.8	197	257	46	96	0.903	0.893		
Luzhou	28°54'N	105°27'E	—	00:06:55.8	285	351	23	—	—	—	—	—	—	02:28:38.6	104	173	54	01:14:04.2	14	83	37	86	0.998	0.999		
Ma'anshan	31°42'N	118°30'E	—	00:19:58.4	284	350	37	01:32:16.7	53	118	01:35:33.6	343	47	02:54:51.4	113	166	69	01:33:54.8	198	263	53	98	1.076	1.000	0.181	03m17s
Mianyang-Sichuan	31°30'N	104°49'E	—	00:08:06.6	280	343	23	—	—	—	—	—	—	02:27:45.1	109	174	53	01:14:03.3	194	260	37	87	0.985	0.990		
Nanchang	24°36'N	120°59'E	—	00:22:41.2	298	13	39	—	—	—	—	—	—	03:03:00.3	101	171	76	01:39:29.7	20	96	57	90	0.831	0.803		
Nanchong	30°48'N	106°04'E	—	00:08:22.7	282	346	24	01:13:15.4	66	132	01:17:09.0	323	29	02:29:57.8	108	173	54	01:15:11.8	194	261	38	87	1.073	1.000	0.379	03m54s
Nanjing	32°03'N	118°47'E	—	00:20:28.6	284	349	38	—	—	—	—	—	—	02:55:15.1	113	165	69	01:34:25.6	198	262	53	99	0.995	0.998		

37

Total Solar Eclipse of 2009 July 22

TABLE 11
LOCAL CIRCUMSTANCES FOR CHINA — 2
TOTAL SOLAR ECLIPSE OF 2009 JULY 22

Location Name	Latitude	Longitude	Elev.	First Contact U.T. h m s	P °	V °	Alt °	Second Contact U.T. h m s	P °	V °	Alt °	Third Contact U.T. h m s	P °	V °	Fourth Contact U.T. h m s	P °	V °	Alt °	Maximum Eclipse U.T. h m s	P °	V °	Alt °	Azm °	Eclip. Mag.	Eclip. Obs.	Umbral Depth	Umbral Durat.
CHINA			m																								
Nanning	22°48'N	108°20'E	—	00:08:13.5	297	11	24	—	—	—	—	—	—	—	02:32:27.6	93	172	57	01:15:48.7	15	92	40	82	0.780	0.737		
Neijiang	29°35'N	105°03'E	—	00:07:01.8	283	349	23	01:11:11.0	126	194	37	01:15:44.1	262	330	02:28:00.7	105	173	53	01:13:27.0	14	82	37	86	1.072	1.000	0.623	04m33s
Ningbo	29°52'N	121°31'E	—	00:23:06.0	289	356	40	01:37:22.5	152	219	43	01:41:43.9	247	313	03:02:42.0	111	162	74	01:39:32.8	20	86	57	99	1.077	1.000	0.320	04m21s
Pingdingshan	33°45'N	113°17'E	—	00:15:56.7	279	342	32	—	—	—	—	—	—	—	02:43:06.8	115	170	62	01:25:57.4	197	259	47	96	0.935	0.934		
Pingxiang	27°38'N	113°50'E	—	00:13:30.5	291	360	31	—	—	—	—	—	—	—	02:45:50.6	103	172	65	01:25:28.0	17	88	47	89	0.930	0.928		
Puyang	35°42'N	114°59'E	—	00:19:10.3	276	336	34	—	—	—	—	—	—	—	02:45:20.3	119	169	63	01:29:00.9	197	256	48	100	0.871	0.853		
Qingdao	36°06'N	120°19'E	—	00:25:05.0	277	336	40	—	—	—	—	—	—	—	02:55:11.0	121	162	68	01:37:18.9	199	255	54	106	0.855	0.833		
Qinzhou	21°59'N	108°36'E	—	00:08:10.4	299	13	25	—	—	—	—	—	—	—	02:32:36.7	91	172	58	01:16:05.9	15	93	40	81	0.751	0.701		
Qiqihar	47°19'N	123°55'E	—	00:44:53.3	278	299	44	—	—	—	—	—	—	—	02:46:01.8	144	166	60	01:44:15.5	200	236	53	126	0.476	0.372		
Rizhao	35°27'N	119°29'E	—	00:23:36.4	278	338	42	—	—	—	—	—	—	—	02:46:09.5	120	164	68	01:35:53.6	199	256	53	104	0.878	0.863		
Shanghai	31°14'N	121°28'E	5	00:23:26.3	286	352	40	01:36:48.4	77	142	53	01:41:48.5	321	25	03:01:38.1	113	161	73	01:39:18.0	199	263	57	101	1.077	1.000	0.470	05m00s
Shaoxing	30°00'N	120°35'E	—	00:21:54.0	288	356	39	01:35:25.9	148	214	42	01:40:03.2	251	317	03:00:29.1	111	164	73	01:37:44.1	19	86	56	98	1.077	1.000	0.381	04m37s
Shashi	30°19'N	112°14'E	—	00:12:49.9	285	351	30	01:20:55.2	127	194	38	01:25:57.0	266	333	02:53:58.3	133	160	65	01:23:25.6	16	83	45	91	1.074	1.000	0.653	05m02s
Shenyang	41°46'N	123°27'E	42	00:35:42.2	266	318	43	—	—	—	—	—	—	—	02:42:44.3	200	245	55	01:42:44.3	200	245	55	118	0.657	0.584		
Shijiazhuang	38°03'N	114°28'E	—	00:21:11.5	272	329	34	—	—	—	—	—	—	—	02:44:48.1	123	170	61	01:29:03.7	197	253	47	102	0.792	0.752		
Shiyan	30°22'N	104°27'E	—	00:05:41.6	282	346	22	01:10:54.5	79	146	32	01:15:18.9	309	16	02:27:01.9	107	173	52	01:13:06.2	194	261	36	86	1.072	1.000	0.574	04m24s
Shuicheng	26°41'N	104°50'E	—	00:05:41.6	288	357	22	—	—	—	—	—	—	—	02:26:57.5	100	172	53	01:12:02.2	14	85	36	84	0.926	0.922		
Suining	30°31'N	105°34'E	—	00:07:53.4	282	347	23	01:12:14.4	79	146	32	01:16:43.2	309	16	02:29:02.5	107	173	54	01:14:28.3	194	261	38	87	1.073	1.000	0.580	04m29s
Suixian	31°42'N	113°20'E	—	00:14:34.7	283	348	32	01:24:05.9	47	112	39	01:26:49.4	346	51	02:51:25.9	122	164	66	01:25:27.3	197	262	47	93	1.075	1.000	0.136	02m43s
Suzhou	31°18'N	120°37'E	—	00:22:22.1	286	352	39	01:35:15.6	76	141	41	01:40:10.8	322	26	02:59:43.0	113	163	72	01:37:42.8	199	263	55	100	1.077	1.000	0.460	04m55s
Tai'an	36°12'N	117°07'E	—	00:21:42.8	276	335	36	—	—	—	—	—	—	—	02:49:00.8	120	167	65	01:32:18.0	198	255	51	102	0.855	0.832		
Taiyuan	37°55'N	112°30'E	—	00:19:24.5	271	329	32	—	—	—	—	—	—	—	02:49:27.5	122	171	59	01:26:24.7	197	253	45	100	0.794	0.755		
Tangshan	39°38'N	118°11'E	—	00:26:35.1	270	325	38	—	—	—	—	—	—	—	02:47:53.1	127	166	63	01:34:43.1	198	250	51	118	0.739	0.685		
Tianjin	39°08'N	117°12'E	4	00:24:59.7	270	326	37	—	—	—	—	—	—	—	02:46:40.6	126	167	63	01:33:11.5	198	251	50	106	0.756	0.707		
Tianshui	34°30'N	105°58'E	—	00:11:28.1	275	338	27	—	—	—	—	—	—	—	02:29:31.0	115	174	53	01:16:51.9	195	256	39	91	0.890	0.877		
Tongling	30°53'N	117°46'E	—	00:18:45.6	286	352	36	01:29:45.0	104	170	40	01:35:25.8	292	358	02:53:42.4	111	167	69	01:32:34.8	198	264	52	96	1.076	1.000	0.928	05m41s
Wanxian	30°52'N	108°22'E	—	00:09:58.6	283	347	26	01:15:50.2	79	146	34	01:20:25.9	311	17	02:34:15.7	108	173	57	01:18:07.5	195	262	41	89	1.073	1.000	0.563	04m36s
Weifang	36°42'N	119°04'E	—	00:24:14.3	275	334	39	—	—	—	—	—	—	—	02:52:15.9	122	164	66	01:35:24.2	199	254	53	105	0.836	0.809		
Wuhan	30°36'N	114°17'E	—	00:14:54.6	285	351	32	01:23:59.9	117	183	37	01:29:24.5	277	344	02:46:17.4	109	170	65	01:26:41.6	17	84	48	93	1.075	1.000	0.834	05m25s
Wuhu	31°21'N	118°22'E	—	00:19:39.3	285	351	37	01:31:11.8	78	143	39	01:36:08.4	318	23	02:54:46.1	112	166	69	01:33:39.6	198	263	53	97	1.076	1.000	0.498	04m57s
Wulumuqi	43°48'N	087°35'E	906	00:21:23.1	250	299	15	—	—	—	—	—	—	—	02:03:47.2	135	185	33	01:10:48.9	192	243	24	84	0.491	0.389		
Wuwei	31°18'N	117°54'E	—	00:19:05.6	285	351	36	01:30:18.4	81	147	38	01:35:23.6	315	20	02:53:49.8	113	167	67	01:32:50.5	198	263	52	97	1.076	1.000	0.552	05m05s
Wuxi	31°35'N	120°18'E	—	00:22:05.2	285	351	39	01:35:17.7	58	122	41	01:38:57.6	340	44	02:58:49.8	113	163	71	01:37:07.3	199	263	55	100	1.077	1.000	0.223	03m40s
Xi'an	34°15'N	108°52'E	—	00:12:53.4	277	338	28	—	—	—	—	—	—	—	02:34:39.1	117	173	57	01:20:10.8	195	257	42	93	0.909	0.900		
Xianning	29°53'N	114°17'E	—	00:14:36.3	287	353	32	01:24:59.3	162	230	40	01:28:08.8	232	300	02:46:28.9	108	170	64	01:26:33.7	17	85	48	92	1.075	1.000	0.181	03m10s
Xiaogan	30°55'N	113°54'E	—	00:14:41.3	285	350	32	01:23:27.3	99	165	38	01:28:51.7	294	1	02:45:23.3	110	170	64	01:26:08.9	197	263	47	93	1.075	1.000	0.868	05m24s
Xintai	35°54'N	117°44'E	—	00:22:00.4	277	336	37	—	—	—	—	—	—	—	02:50:24.9	120	166	66	01:33:11.4	198	256	51	101	0.865	0.845		
Xuzhou	34°16'N	117°11'E	—	00:20:07.3	279	341	36	—	—	—	—	—	—	—	02:50:31.5	117	167	66	01:32:01.3	198	258	51	100	0.920	0.915		
Yaan	30°03'N	103°02'E	—	00:06:10.3	282	346	21	01:09:08.2	84	151	31	01:13:38.8	303	10	02:24:31.7	106	173	51	01:11:23.0	194	261	35	85	1.072	1.000	0.666	04m31s
Yancheng	33°24'N	120°09'E	—	00:22:51.5	282	345	39	—	—	—	—	—	—	—	02:57:10.6	117	163	70	01:36:51.7	199	260	55	102	0.947	0.948		
Yibin	28°47'N	104°38'E	—	00:06:22.1	285	351	22	—	—	—	—	—	—	—	02:27:07.5	104	173	53	01:12:37.0	14	83	36	85	0.998	0.999		
Yichang	30°42'N	111°17'E	—	00:12:11.3	284	350	29	—	—	—	—	—	—	—	02:40:40.9	112	172	61	01:22:07.1	196	263	44	91	1.074	1.000	0.943	05m17s
Yichun	47°42'N	128°55'E	—	00:51:44.0	255	295	48	—	—	—	—	—	—	—	02:51:29.6	147	161	61	01:50:44.0	201	232	56	135	0.446	0.340		
Yulin	22°36'N	110°07'E	—	00:09:58.2	298	13	26	—	—	—	—	—	—	—	02:36:20.9	93	173	60	01:18:36.7	15	93	42	82	0.767	0.721		
Yuyao	30°04'N	121°07'E	—	00:22:40.9	288	356	40	01:36:20.1	141	207	43	01:41:22.2	258	324	03:01:46.2	111	163	73	01:38:50.7	19	86	56	98	1.077	1.000	0.475	05m02s
Zaozhuang	34°53'N	117°34'E	—	00:21:00.8	278	340	37	—	—	—	—	—	—	—	02:52:44.3	118	166	66	01:32:44.3	198	257	51	101	0.899	0.889		
Zhanjiang	21°12'N	110°23'E	—	00:10:44.3	301	17	26	—	—	—	—	—	—	—	02:36:14.6	90	173	60	01:18:56.1	15	95	42	81	0.719	0.660		
Zhengzhou	34°48'N	110°23'E	—	00:17:08.7	277	339	33	—	—	—	—	—	—	—	02:46:48.9	117	170	62	01:26:48.9	197	257	47	97	0.900	0.890		
Zhongshan	22°31'N	113°22'E	—	00:13:20.7	300	15	30	—	—	—	—	—	—	—	02:44:04.3	93	174	65	01:24:17.4	16	95	46	84	0.756	0.708		
Zibo	36°47'N	118°01'E	—	00:23:12.2	275	334	37	—	—	—	—	—	—	—	02:50:13.8	122	166	65	01:33:48.1	198	254	51	104	0.835	0.807		
Zigong	29°24'N	104°47'E	—	00:06:46.2	284	349	22	01:10:57.6	135	203	—	01:15:10.1	253	321	02:27:30.2	105	173	53	01:13:03.4	14	82	37	86	1.072	1.000	0.488	04m12s
HONG KONG (CHINA)																											
New Kowloon	22°20'N	114°10'E	—	00:14:30.6	301	16	31	—	—	—	—	—	—	—	02:46:00.8	93	174	66	01:25:47.9	17	96	47	84	0.749	0.698		

F. Espenak and J. Anderson

TABLE 12
LOCAL CIRCUMSTANCES FOR ASIA
TOTAL SOLAR ECLIPSE OF 2009 JULY 22

Location Name	Latitude	Longitude	Elev. (m)	First Contact U.T. h m s	P °	V °	Alt °	Second Contact U.T. h m s	P °	V °	Third Contact U.T. h m s	P °	V °	Fourth Contact U.T. h m s	P °	V °	Alt °	Maximum Eclipse U.T. h m s	P °	V °	Alt °	Azm °	Eclip. Mag.	Eclip. Obs.	Umbral Depth	Umbral Durat.
AFGHANISTAN																										
Kabul	34°31'N	069°12'E	1815	—				—			—			01:51:05.1	125	184	16	01:00:37.7	190	245	6	69	0.599	0.512		
AZERBAIJAN																										
Baku	40°23'N	049°51'E	—	—				—			—			01:43:02.9	149	197	2	01:31 Rise	—	—	0	62	0.145	0.066		
BANGLADESH																										
Chittagong	22°20'N	091°50'E	—	23:59:15.3	289	358	8	—			—			02:04:38.8	93	170	36	00:58:13.5	11	84	21	76	0.873	0.855		
Dacca	23°43'N	090°25'E	—	23:59:19.1	286	353	7	—			—			02:03:51.1	96	171	34	00:57:58.5	11	82	20	76	0.930	0.927		
Dinajpur	25°38'N	088°38'E	—	23:59:54.0	281	346	6	00:56:42.0	151	219	00:59:15.7	231	300	02:02:55.1	100	173	33	00:57:58.5	11	80	19	76	1.067	1.000	0.236	02m34s
Khulna	22°48'N	089°33'E	—	23:58:58.8	287	355	6	—			—			02:02:21.9	95	170	33	00:57:06.1	11	83	19	75	0.909	0.899		
Rajshahi	24°22'N	088°36'E	—	23:59:22.1	284	350	6	—			—			02:02:14.9	98	172	33	00:57:20.0	11	81	18	75	0.968	0.971		
Rangpur	25°45'N	089°15'E	—	23:59:59.0	282	347	7	00:57:11.3	156	225	00:59:29.6	226	295	02:03:37.8	100	173	34	00:58:20.2	11	80	19	76	1.067	1.000	0.182	02m18s
Saidpur	25°47'N	088°54'E	—	23:59:58.9	281	346	6	00:56:45.0	145	213	00:59:37.4	237	306	02:03:16.3	101	173	33	00:58:10.8	11	80	19	76	1.067	1.000	0.307	02m52s
BHUTAN																										
Thimbu	27°28'N	089°39'E	—	00:00:55.2	279	343	8	00:58:01.6	56	124	01:00:53.7	326	33	02:04:49.5	104	174	35	00:59:27.3	191	258	20	77	1.068	1.000	0.297	02m52s
IRAN																										
Esfahan	32°40'N	051°38'E	1597	—				—			—			01:46:33.2	133	188	1	01:42 Rise	—	—	0	65	0.071	0.023		
Mashhad	36°18'N	059°36'E	—	—				—			—			01:47:20.1	134	188	8	01:03:55.9	190	241	0	64	0.452	0.345		
Tehran	35°40'N	051°26'E	1200	—				—			—			01:45:38.1	139	191	2	01:36 Rise	—	—	0	64	0.139	0.062		
KAZAKHSTAN																										
Alma-Ata	43°15'N	076°57'E	775	00:23:27.6	245	292	8	—			—			01:54:54.7	138	189	24	01:07:47.4	191	241	15	76	0.426	0.318		
Karaganda	49°50'N	073°10'E	—	00:40:19.6	230	271	10	—			—			01:49:00.7	154	197	21	01:14:00.8	192	234	15	77	0.221	0.123		
KOREA, NORTH																										
P'yongyang	39°01'N	125°45'E	29	00:34:41.4	272	327	46	—			—			03:01:39.6	129	153	69	01:46:14.8	201	248	59	118	0.742	0.689		
KOREA, SOUTH																										
Inch'on	37°28'N	126°38'E	—	00:34:22.9	275	332	46	—			—			03:05:21.6	127	149	71	01:47:54.4	201	250	60	117	0.790	0.750		
Pusan	35°06'N	129°03'E	2	00:36:12.1	280	339	49	—			—			03:13:06.0	125	138	75	01:52:50.8	202	253	64	118	0.856	0.835		
Seoul	37°33'N	126°58'E	10	00:34:55.6	275	331	47	—			—			03:05:50.4	128	148	71	01:48:27.8	201	250	61	118	0.785	0.745		
KYRGYZSTAN																										
Bishkek	42°54'N	074°36'E	—	00:23:54.1	244	291	6	—			—			01:53:21.5	138	189	22	01:07:18.1	191	240	14	75	0.417	0.307		
LAOS																										
Vientiane	17°58'N	102°36'E	170	00:05:13.2	303	20	17	—			—			02:17:12.5	83	168	48	01:06:57.7	13	94	31	77	0.647	0.571		
MONGOLIA																										
Ulaanbaatar	47°55'N	106°53'E	1307	00:32:47.0	251	297	31	—			—			02:23:15.3	141	181	48	01:26:24.0	196	240	39	104	0.458	0.352		
NEPAL																										
Kathmandu	27°43'N	085°19'E	1348	00:01:10.9	276	338	4	—			—			02:00:31.5	105	175	30	00:57:43.9	191	257	16	75	0.962	0.965		
PAKISTAN																										
Faisalabad	31°25'N	073°05'E	—	—				—			—			01:52:49.0	118	180	18	00:58:15.8	190	249	7	71	0.728	0.670		
Karachi	24°52'N	067°03'E	4	—				—			—			01:49:10.1	109	177	11	00:56 Rise	—	—	0	67	0.854	0.829		
Lahore	31°35'N	074°18'E	—	—				—			—			01:53:30.8	117	180	20	00:58:21.4	190	249	8	71	0.736	0.680		
SRI LANKA																										
Colombo	06°56'N	079°51'E	7	—				—			—			01:42:12.3	69	157	15	00:50:32.7	9	93	3	70	0.503	0.401		
TAJIKISTAN																										
Dusanbe	38°35'N	068°48'E	—	00:19:41.3	248	296	0	—			—			01:50:41.2	133	187	16	01:03:45.4	190	242	7	70	0.482	0.378		
TURKMENISTAN																										
Aschabad	37°57'N	058°23'E	—	—				—			—			01:46:34.1	138	191	7	01:05:27.9	190	239	0	64	0.396	0.286		
UZBEKISTAN																										
Taskent	41°20'N	069°18'E	—	00:23:59.8	244	290	2	—			—			01:50:27.3	138	190	17	01:05:59.3	191	240	9	71	0.412	0.303		

Total Solar Eclipse of 2009 July 22

TABLE 13
LOCAL CIRCUMSTANCES FOR SOUTHEAST ASIA
TOTAL SOLAR ECLIPSE OF 2009 JULY 22

Location Name	Latitude	Longitude	Elev. (m)	First Contact U.T. h m s	P °	V °	Alt °	Second Contact U.T. h m s	P °	V °	Third Contact U.T. h m s	P °	V °	Fourth Contact U.T. h m s	P °	V °	Alt °	Maximum Eclipse U.T. h m s	P °	V °	Alt °	Azm °	Eclip. Mag.	Eclip. Obs.	Umbral Depth	Umbral Durat.
BRUNEI DARUSSALAM																										
Bandar Seri Beg.	04°56'N	114°55'E	3	00:48:00.7	342	81	35	—			—			02:22:57.1	53	166	56	01:33:33.5	17	121	45	66	0.171	0.084		
BURMA (MYANMAR)																										
Mandalay	22°00'N	096°05'E	77	00:00:28.0	292	3	12	—			—			02:09:56.7	92	170	41	01:01:12.5	12	86	25	77	0.827	0.796		
Yangon	16°47'N	096°10'E	—	00:01:39.4	302	18	10	—			—			02:05:41.1	81	166	39	00:59:48.8	11	91	24	75	0.655	0.581		
CAMBODIA																										
Phnum Pénh	11°33'N	104°55'E	12	00:13:58.7	318	43	20	—			—			02:13:28.5	69	164	48	01:10:06.0	13	102	33	73	0.420	0.311		
INDONESIA																										
Dumai	01°41'N	101°27'E	—	00:34:05.9	343	78	18	—			—			01:43:12.7	42	144	34	01:07:26.6	12	111	26	68	0.124	0.053		
Kisaran	02°59'N	099°37'E	—	00:26:12.5	337	69	15	—			—			01:45:54.9	47	147	33	01:04:24.0	12	108	24	69	0.179	0.090		
Manado	01°29'N	124°51'E	—	01:27:58.6	356	111	51	—			—			02:50:51.2	51	193	67	02:08:49.8	24	149	60	50	0.100	0.038		
Medan	03°35'N	098°40'E	—	00:22:58.9	334	65	13	—			—			01:46:43.7	49	149	33	01:03:00.4	12	106	23	70	0.206	0.110		
Padang	00°57'S	100°21'E	—	00:45:17.5	353	92	18	—			—			01:29:42.3	31	133	29	01:07:05.0	12	112	23	67	0.050	0.014		
Padangsidempuan	01°22'N	099°16'E	—	00:31:18.7	342	76	15	—			—			01:40:12.2	42	143	31	01:04:32.7	12	109	23	69	0.131	0.057		
Pakanbaru	00°32'N	101°27'E	—	00:39:20.4	348	84	19	—			—			01:38:15.7	37	140	32	01:07:57.6	12	112	25	68	0.088	0.032		
Pematangsiantar	02°57'N	099°03'E	—	00:25:26.2	336	68	14	—			—			01:45:16.3	47	147	33	01:03:41.1	12	107	23	69	0.183	0.093		
Singkawang	00°54'N	109°00'E	—	00:55:44.3	355	96	30	—			—			01:48:46.2	35	143	42	01:21:39.7	15	119	35	66	0.057	0.017		
Tembilahan	00°19'S	103°09'E	—	00:48:31.3	354	93	22	—			—			01:34:30.9	31	135	33	01:11:04.4	13	114	27	67	0.050	0.014		
MALAYSIA																										
Ipoh	04°35'N	101°05'E	—	00:23:39.3	333	64	16	—			—			01:52:11.6	51	151	37	01:05:51.6	12	107	26	70	0.219	0.121		
Kuala Lumpur	03°10'N	101°42'E	34	00:28:59.9	338	71	17	—			—			01:48:44.8	47	148	36	01:07:13.1	12	109	26	69	0.169	0.083		
PHILIPPINES																										
Caloocan	14°39'N	120°58'E	—	00:32:50.6	319	46	40	—			—			03:01:48.0	82	191	74	01:43:49.7	20	114	57	75	0.496	0.394		
Cebu	10°18'N	123°54'E	—	00:48:19.6	329	65	45	—			—			03:08:04.1	75	207	76	01:55:46.8	22	128	61	67	0.367	0.257		
Davao	07°04'N	125°36'E	27	01:02:15.0	338	81	49	—			—			03:10:15.4	69	216	74	02:04:41.3	24	139	63	59	0.276	0.170		
General Santos	06°07'N	125°11'E	—	01:05:00.3	341	85	49	—			—			03:06:40.4	66	211	73	02:04:22.2	23	140	62	58	0.243	0.142		
Iloilo	10°42'N	122°34'E	—	00:44:32.6	328	63	43	—			—			03:03:31.2	74	200	74	01:51:19.2	21	124	59	68	0.373	0.262		
Las Pinas	14°29'N	120°59'E	—	00:33:10.4	319	47	40	—			—			03:01:43.7	81	191	74	01:43:58.7	20	115	57	75	0.490	0.388		
Manila	14°35'N	121°00'E	15	00:33:01.3	319	47	40	—			—			03:01:51.6	82	191	74	01:43:57.6	20	114	57	75	0.493	0.392		
Marikina	14°38'N	121°06'E	—	00:33:06.8	319	47	40	—			—			03:02:13.9	82	191	75	01:44:12.1	20	114	57	75	0.495	0.394		
Paranaque	14°30'N	120°59'E	—	00:33:08.6	319	47	40	—			—			03:01:44.4	81	191	74	01:43:58.0	20	115	57	75	0.491	0.389		
Quezon City	14°38'N	121°03'E	—	00:33:01.4	319	47	40	—			—			03:02:03.9	82	191	75	01:44:03.9	20	114	57	75	0.495	0.394		
Zamboanga	06°54'N	122°04'E	—	00:55:23.5	338	79	44	—			—			02:55:07.6	64	194	70	01:53:12.3	21	131	57	63	0.249	0.146		
SINGAPORE																										
Singapore	01°17'N	103°51'E	10	00:40:51.5	347	84	22	—			—			01:43:55.7	39	143	36	01:11:25.4	13	113	29	68	0.096	0.036		
TAIWAN																										
Kaohsiung	22°38'N	120°17'E	—	00:22:34.6	302	19	38	—			—			03:02:16.2	97	176	75	01:38:30.2	19	99	56	87	0.762	0.716		
T'aipei	25°03'N	121°30'E	6	00:23:17.4	298	12	40	—			—			03:05:03.4	102	170	76	01:40:30.0	20	95	57	91	0.848	0.824		
THAILAND																										
Bangkok	13°45'N	100°31'E	16	00:06:48.2	311	31	15	—			—			02:08:44.7	74	164	43	01:03:58.4	12	97	28	74	0.521	0.422		
Nonthaburi	13°50'N	100°29'E	—	00:06:41.6	310	31	15	—			—			02:08:48.0	74	164	43	01:03:56.2	12	97	28	74	0.524	0.426		
VIETNAM																										
Da Nang	16°04'N	108°13'E	—	00:12:03.4	310	31	24	—			—			02:26:51.3	79	170	55	01:15:09.8	14	100	38	77	0.553	0.460		
Hai Phong	20°52'N	106°41'E	—	00:07:17.3	300	15	22	—			—			02:27:45.4	89	171	55	01:13:01.1	14	93	37	80	0.722	0.663		
Ha Noi	21°02'N	105°51'E	6	00:06:30.7	299	14	21	—			—			02:26:08.1	89	171	53	01:11:50.6	14	92	36	80	0.731	0.675		
Ho Chi Minh	10°45'N	106°40'E	10	00:17:28.7	321	48	22	—			—			02:15:43.8	67	164	49	01:13:05.4	14	105	35	73	0.384	0.274		

TABLE 14
LOCAL CIRCUMSTANCES FOR JAPAN & PACIFIC
TOTAL SOLAR ECLIPSE OF 2009 JULY 22

Location Name	Latitude	Longitude	Elev. (m)	First Contact U.T. h m s	P °	V °	Alt °	Second Contact U.T. h m s	P °	V °	Alt °	Third Contact U.T. h m s	P °	V °	Alt °	Fourth Contact U.T. h m s	P °	V °	Alt °	Maximum Eclipse U.T. h m s	P °	V °	Alt °	Azm °	Eclip. Mag.	Eclip. Obs.	Umbral Depth	Umbral Durat.
JAPAN																												
Fukuoka	33°35'N	130°24'E	—	00:37:36.7	282	344	51	—	—	—	—	—	—	—	—	03:17:49.7	123	129	77	01:56:04.0	203	255	66	118	0.898	0.888		
Hiroshima	34°24'N	132°27'E	—	00:41:25.8	281	340	53	—	—	—	—	—	—	—	—	03:20:28.8	126	123	76	01:59:42.1	203	250	68	125	0.856	0.835		
Kitakyushu	33°53'N	130°50'E	—	00:38:27.5	282	343	51	—	—	—	—	—	—	—	—	03:18:14.0	124	128	76	01:56:47.0	203	253	67	120	0.885	0.871		
Kobe	34°41'N	135°10'E	—	00:46:23.7	280	338	56	—	—	—	—	—	—	—	—	03:24:50.8	128	113	75	02:04:52.0	204	245	70	133	0.824	0.794		
Kyoto	35°00'N	135°45'E	—	00:47:36.3	279	336	57	—	—	—	—	—	—	—	—	03:25:16.9	129	112	74	02:05:47.6	204	243	71	135	0.809	0.775		
Nagoya	35°10'N	136°55'E	—	00:49:51.9	279	335	58	—	—	—	—	—	—	—	—	03:26:54.7	131	109	74	02:07:56.6	205	240	71	140	0.793	0.754		
Osaka	34°40'N	135°30'E	15	00:47:00.1	280	338	57	—	—	—	—	—	—	—	—	03:25:26.9	129	112	75	02:05:31.9	204	244	71	134	0.822	0.791		
Sapporo	43°03'N	141°21'E	—	01:04:31.0	262	299	60	—	—	—	—	—	—	—	—	03:16:03.5	147	131	66	02:10:18.3	205	219	66	162	0.506	0.406		
Sendai	38°15'N	140°53'E	—	00:59:14.8	272	318	61	—	—	—	—	—	—	—	—	03:26:30.4	139	113	70	02:12:58.4	206	224	71	158	0.656	0.584		
Tokyo	35°42'N	139°46'E	6	00:55:38.6	277	329	61	—	—	—	—	—	—	—	—	03:30:18.5	134	104	72	02:13:00.0	206	230	73	152	0.747	0.696		
Yokohama	35°27'N	139°39'E	—	00:55:18.5	278	330	61	—	—	—	—	—	—	—	—	03:30:38.2	133	103	72	02:12:59.3	206	231	73	151	0.756	0.708		
JAPAN (ISLANDS)																												
Akuseki-shima	29°28'N	129°36'E	—	00:35:28.1	290	358	50	01:53:21.6	115	177	81	01:59:42.0	291	352	81	03:21:29.7	116	125	81	01:56:31.4	23	85	67	109	1.079	1.000	0.968	06m20s
Iwo Jima	24°47'N	141°20'E	—	01:01:04.9	297	12	67	02:25:30.3	157	196	73	02:30:43.6	260	288	73	03:52:49.9	119	47	73	02:28:07.0	28	62	85	146	1.080	1.000	0.376	05m13s
Kikai-shima	28°18'N	129°56'E	—	00:36:09.1	292	2	51	01:56:59.8	186	251	82	01:58:53.6	221	285	82	03:23:33.1	114	119	82	01:57:56.5	23	88	68	107	1.079	1.000	0.045	01m54s
Kitaio Jima	25°25'N	141°16'E	—	01:00:26.2	296	9	66	02:23:51.1	128	166	73	02:30:25.4	289	315	73	03:51:41.2	120	50	73	02:27:08.3	28	61	84	147	1.080	1.000	0.837	06m34s
Kuchino-shima	29°58'N	129°55'E	—	00:36:01.1	289	357	50	01:54:07.2	86	147	80	01:59:44.8	320	20	80	03:21:35.0	117	123	80	01:56:55.7	23	263	68	110	1.079	1.000	0.541	05m38s
Nakano-shima	29°51'N	129°53'E	—	00:35:56.0	289	357	50	01:53:55.7	93	154	80	01:59:52.5	313	13	80	03:21:38.3	116	123	80	01:56:53.8	203	264	68	110	1.079	1.000	0.655	05m57s
Suwanose-shima	29°39'N	129°43'E	—	00:35:39.4	290	358	50	01:53:31.8	105	167	80	01:59:48.2	301	2	80	03:21:31.1	116	124	81	01:56:39.0	203	264	67	109	1.079	1.000	0.856	06m16s
Takera-jima	29°09'N	129°12'E	—	00:34:47.9	291	360	50	01:52:53.1	134	198	81	01:58:46.8	271	334	81	03:20:57.7	115	127	81	01:55:49.6	23	86	67	107	1.078	1.000	0.631	05m54s
Yaku-shima	30°13'N	130°33'E	—	00:37:06.7	289	356	51	01:56:10.2	62	121	80	02:00:07.2	345	43	80	03:22:38.6	118	120	80	01:58:08.5	203	262	68	112	1.079	1.000	0.217	03m57s
COOK ISLANDS																												
Avatua, RarotonI*	21°12'S	159°46'W	—	03:26:03.3	313	196	10	—	—	—	—	—	—	—	—	—	—	—	—	04:15 Set	—	—	0	292	0.734	0.677		
FIJI																												
Suva	18°08'S	178°25'E	6	03:18:31.1	330	203	30	—	—	—	—	—	—	—	—	05:08:43.2	91	338	8	04:16:15.7	30	272	19	300	0.541	0.445		
FRENCH POLYNESIA																												
Papeete	17°32'S	149°34'W	2	03:24:27.0	299	190	3	—	—	—	—	—	—	—	—	—	—	—	—	03:40 Set	—	—	0	291	0.301	0.192		
GUAM																												
Agana	13°28'N	144°45'E	110	01:25:55.0	316	69	74	—	—	—	—	—	—	—	—	04:15:02.1	106	5	63	02:53:39.0	32	255	81	318	0.738	0.685		
KIRIBATI (GILBERT ISLANDS)																												
Butaritari	03°10'N	172°50'E	—	02:42:11.8	303	188	55	03:53:10.5	119	17	23	03:57:58.9	306	203	23	05:00:17.7	121	26	23	03:55:35.3	212	110	38	293	1.073	1.000	0.947	04m48s
Marakei	02°00'N	173°16'E	—	02:44:31.1	304	189	53	03:55:25.4	157	53	22	03:59:20.4	268	164	22	05:01:39.9	120	24	22	03:57:23.4	32	289	37	294	1.072	1.000	0.431	03m55s
Nikumaroro Is.	04°40'S	174°32'W	—	03:07:01.3	300	190	34	04:09:34.1	98	355	7	04:13:13.5	322	219	7	05:09:03.4	119	22	7	04:11:24.2	210	107	20	294	1.067	1.000	0.622	03m39s
MARSHALL ISLANDS																												
Enewetak	11°30'N	162°20'E	—	02:09:28.7	303	180	75	03:28:26.6	116	16	40	03:34:05.0	311	211	40	04:43:30.8	123	31	40	03:31:16.4	214	113	57	289	1.077	1.000	0.877	05m38s
Jaluit	05°55'N	169°39'E	—	02:32:51.4	303	187	61	03:46:27.1	105	3	28	03:51:17.2	321	219	28	04:55:47.5	123	28	28	03:48:52.8	213	111	44	293	1.074	1.000	0.695	04m50s
MICRONESIA																												
Kolonia	06°58'N	158°13'E	—	02:09:19.8	315	169	74	—	—	—	—	—	—	—	—	04:45:02.6	112	13	42	03:32:03.0	34	283	58	298	0.838	0.811		
NORTHERN MARIANA IS.																												
Susupe, Saipan	15°09'N	145°43'E	—	01:24:44.0	312	61	75	—	—	—	—	—	—	—	—	04:15:11.8	110	13	63	02:53:12.5	32	266	81	307	0.804	0.768		
SAMOA, AMERICAN																												
Pago Pago, Tutu*	14°16'S	170°42'W	9	03:18:17.5	312	195	24	—	—	—	—	—	—	—	—	—	—	—	—	04:18:07.9	29	279	11	294	0.823	0.790		
SAMOA, WESTERN																												
Apia	13°50'S	171°44'W	—	03:17:25.5	312	195	25	—	—	—	—	—	—	—	—	05:12:22.2	106	1	1	04:17:45.7	29	279	12	295	0.821	0.787		
SOLOMON ISLANDS																												
Honiara	09°26'S	159°57'E	—	02:50:56.8	339	196	54	—	—	—	—	—	—	—	—	04:53:25.9	88	332	31	03:55:29.1	33	268	43	309	0.438	0.331		
TONGA																												
Nuku'alofa	21°08'S	175°12'W	—	03:24:12.4	328	203	23	—	—	—	—	—	—	—	—	05:09:31.0	90	337	1	04:19:11.2	29	271	12	297	0.551	0.456		
TUVALU																												
Funafuti	08°31'S	179°13'E	—	03:05:39.0	313	194	38	—	—	—	—	—	—	—	—	05:10:21.6	108	5	11	04:11:32.4	31	281	24	297	0.833	0.803		
WALLIS & FUTUNA IS.																												
Matautu	13°57'S	171°56'W	—	03:17:26.4	312	195	25	—	—	—	—	—	—	—	—	05:12:22.3	106	1	1	04:17:46.3	29	279	12	295	0.814	0.779		

TABLE 15

SOLAR ECLIPSES OF SAROS SERIES 136

First Eclipse: 1360 Jun 14   Duration of Series: 1262.1 yrs.
Last Eclipse: 2622 Jul 30   Number of Eclipses: 71

Saros Summary: Partial: 15   Annular: 6   Total: 44   Hybrid: 6

Date	Eclipse Type	Gamma	Mag./Width	Durat.	Date	Eclipse Type	Gamma	Mag./Width	Durat.
1360 Jun 14	Pb	-1.5221	0.0505		2081 Sep 03	T	0.3375	247	05m33s
1378 Jun 25	P	-1.4386	0.1987		2099 Sep 14	T	0.3940	241	05m18s
1396 Jul 05	P	-1.3561	0.3460		2117 Sep 26	T	0.4439	233	05m03s
1414 Jul 17	P	-1.2764	0.4892		2135 Oct 07	T	0.4881	224	04m50s
1432 Jul 27	P	-1.2006	0.6258		2153 Oct 17	T	0.5256	214	04m36s
1450 Aug 07	P	-1.1280	0.7570		2171 Oct 29	T	0.5574	203	04m23s
1468 Aug 18	P	-1.0622	0.8762		2189 Nov 08	T	0.5828	192	04m10s
1486 Aug 29	P	-1.0013	0.9865		2207 Nov 20	T	0.6025	180	03m56s
1504 Sep 08	A	-0.9482	83	00m32s	2225 Dec 01	T	0.6176	169	03m43s
1522 Sep 19	A	-0.9006	42	00m23s	2243 Dec 12	T	0.6281	157	03m30s
1540 Sep 30	A	-0.8617	27	00m17s	2261 Dec 22	T	0.6356	147	03m17s
1558 Oct 11	A	-0.8285	18	00m12s	2280 Jan 03	T	0.6410	138	03m04s
1576 Oct 21	A	-0.8028	11	00m08s	2298 Jan 13	T	0.6471	131	02m52s
1594 Nov 12	A	-0.7825	5	00m04s	2316 Jan 25	T	0.6523	126	02m42s
1612 Nov 22	H	-0.7688	1	00m01s	2334 Feb 05	T	0.6599	122	02m33s
1630 Dec 04	H	-0.7581	9	00m07s	2352 Feb 16	T	0.6704	121	02m25s
1648 Dec 14	H	-0.7507	18	00m14s	2370 Feb 27	T	0.6861	121	02m17s
1666 Dec 25	H	-0.7448	30	00m24s	2388 Mar 09	T	0.7061	124	02m10s
1685 Jan 05	H	-0.7407	44	00m35s	2406 Mar 20	T	0.7322	128	02m03s
1703 Jan 17	H2	-0.7342	61	00m50s	2424 Mar 31	T	0.7647	133	01m55s
1721 Jan 27	T	-0.7267	79	01m07s	2442 Apr 11	T	0.8041	141	01m45s
1739 Feb 08	T	-0.7146	99	01m27s	2460 Apr 21	T	0.8498	153	01m34s
1757 Feb 18	T	-0.6998	119	01m51s	2478 May 03	T	0.9029	175	01m20s
1775 Mar 01	T	-0.6781	139	02m20s	2496 May 13	T	0.9616	242	01m02s
1793 Mar 12	T	-0.6523	158	02m51s	2514 May 25	P	1.0267	0.9518	
1811 Mar 24	T	-0.6188	176	03m27s	2532 Jun 05	P	1.0955	0.8237	
1829 Apr 03	T	-0.5801	192	04m05s	2550 Jun 16	P	1.1702	0.6851	
1847 Apr 15	T	-0.5337	206	04m44s	2568 Jun 26	P	1.2465	0.5440	
1865 Apr 25	T	-0.4826	219	05m23s	2586 Jul 07	P	1.3263	0.3969	
1883 May 06	T	-0.4249	229	05m58s	2604 Jul 19	P	1.4054	0.2523	
1901 May 18	T	-0.3625	238	06m29s	2622 Jul 30	Pe	1.4864	0.1053	
1919 May 29	T	-0.2954	244	06m51s					
1937 Jun 08	T	-0.2253	250	07m04s					
1955 Jun 20	T	-0.1528	254	07m08s					
1973 Jun 30	T	-0.0786	256	07m04s					
1991 Jul 11	Tm	-0.0043	258	06m53s					
2009 Jul 22	T	0.0696	258	06m39s					
2027 Aug 02	T	0.1419	258	06m23s					
2045 Aug 12	T	0.2114	256	06m06s					
2063 Aug 24	T	0.2769	252	05m49s					

Eclipse Type: P - Partial   Pb - Partial Eclipse (Saros Series Begins)
                A - Annular   Pe - Partial Eclipse (Saros Series Ends)
                T - Total   Tm - Middle eclipse of Saros series.
                H - Hybrid (Annular/Total)   H2 - Hybrid begins total and ends annular.

Note: Mag./Width column gives either the eclipse magnitude (for partial eclipses) or the umbral path width in kilometers (for total and annular eclipses).

Table 16: Climate Statistics Along the 2009 Eclipse Path

Location	July Precipitation (mm)	Days with rain in July	% obs with thunderstorms at eclipse time	% obs with rain at eclipse time	% obs with fog, smoke, haze, dust	Tmax (°C)	Tmin (°C)	Average dewpoint at eclipse time
India								
Mumbai (Bombay)	682	25	0.4	42	18.2	30	25	25
Surat *		19	0	21.2	0.5	30		25
Indore *	279	16	0.9	24.8	18.9	30	23	22
Bhopal *		20	1.1	29.4	23	29	24	22
Allahabad	265	16	0.9	19.6	2.5	34	26	27
Patna *	266	19	3.3	21.8	26.8	33	27	25
Gauhati	377	20				32	25	25
China								
Chengdu*	231	13	3.3	29.2	65.2	30	22	23
Chongqing*	171	13	0.8	16.9	72.6	32	25	23
Yichang*	210	11				33	24	23
Wuhan*	151	11	1.4	23	35.3	33	25	26
Shanghai*	128	9	0.9	14.3	41.8	32	25	24
Japan								
Naze *	220	12	1.1	22.9	0.3	32	25	24
Okinoerabu	191	8				31	26	25
Yakushima*	277	12				30	24	24
Iwo Jima*	154	15				28	26	25
Pacific Islands								
Jaluit Atoll	318	21						25
Ailinglapalap Atoll, Marshall Is	304	20						
Majuro, Marshall Islands	330	24	0	12.4	0	30	25	24
Kwajalein, Marshall Islands	265	23	0.1	8.7	0.1	34	28	
Butaritari, Kiribati*						31	26	
Tarawa, Kiribati *	160	11	0.4	8.9	0.4	34	29	25
Kanton Island	69	12				28	25	

* = station is within path of total eclipse

"% obs with…" refers to the percent of observations near the hour of the eclipse in which the phenomenon was observed.
T(max) and T(min) refer to the daily maximum and minimum temperatures.
Dew point is a measure of humidity in the atmosphere.

Table 17: Cloud and Sunshine Statistics Along the 2009 Eclipse Path

	Percent of Possible Sunshine	Percent Frequency of (cloud cover) at eclipse time						Average Cloud (calc.)
		Clear	Trace	Scattered	Broken	Overcast	Obscured	
India								
Surat *		0.1	2.9	13.8	51.7	31.4	0	78
Mumbai	18	0	0.2	1.8	61.6	36.4	0	85
Indor *	25	0.2	1.1	10.5	68.6	19.6	0	78
Bhopal *		0.5	2.1	7.2	41	49.1	0	85
Allahabad	34	1.4	3	9.7	50.7	35.2	0	80
Varanasi *		0.9	2.7	21.6	60.4	14.4	0	71
Aurangabad *		0.6	4.4	9.5	56.3	29.2	0	78
Patna *	43	0.1	1.7	9.4	64.2	24.6	0	79
Siliguri *		0	2	3.4	54.9	39.2	0.5	84
Guwahati *	29							
Dibrugarh *		0	0.8	3.8	52.2	43.2	0	86
Bangladesh								
Dakka		0	0	3.8	51.5	44.7	0	87
Nepal								
Biratnagar *		0	0	11.9	64.3	23	0.8	78
Burma								
Putao		0	0.7	2.7	14	81.3	1.3	94
China (Tibet)								
Juilong		1	6.9	1.8	47.2	43.1	0	82
China								
Litang *		2	10.1	2.1	59.3	26.4	0.2	75
Leshan *		4.8	8.9	2.2	32.4	51	0.7	79
Chengdu *	34	11	7.9	7.7	26.5	46.3	0.5	72
Neijiang *		11.4	10.5	4.4	25.1	48.4	0.2	72
Chongqing *		16.5	11.9	3.4	31	37	0.2	65
Enshi *		5.2	14.5	3.2	35.9	40.6	0.5	72
Wanxian *		9.3	14.9	2.9	37.1	34.9	1	67
Yichang *	48	12.4	16.1	4.9	30.2	36.1	0.3	64
Nanchong *		13.5	10.7	4.1	33	37.7	1	67
Liangping *		11.6	14.5	5.9	33.7	34.3	0	65
Wuhan *		17.8	10.3	5.6	41.5	24.8	0	61
Shanghai/Hongqiao *	54	8.3	10	11.1	44.6	26	0	67
Shanghai/Hongqiao * (4 years)		22.1	14.7	13.2	30.9	19.1	0	51
Shanghai *		7	15.4	7.8	43.5	26.3	0	66
Shanghai/Pudong * (4 years)		26.7	10	16.7	38.3	8.3	0	47
Japan								
Yakushima *	52	0.4	32.6	10.9	55.8	0.4	0	54
Okinoerabu	67	0	37.9	10	50.6	1.5	0	51
Naze *	51							
Iwo Jima *		0	16.9	30.1	50	2.9	0	58
Southwest Pacific								
Jaluit Atoll *		0	0	8.5	61.8	29.7	0	82
Ailinglapalap Atoll *		0	8.1	16.2	53.5	21.9	0.3	72
Kwajalein		0	4.3	7.2	16.8	71.6	0.2	89
Majuro	56	0	3.4	11.9	20.3	64.4	0	86
Butaritari *		0	18.2	22	44.3	15.5	0	63
Tarawa		0	25.5	28.2	40.8	5.5	0	54
Kanton Island		0	19.5	35.9	36.6	8	0	55
Cook Islands (North)								
Manihiki		18.6	41.4	15.2	16.6	8.3	0	34
Pukapuka		9.9	42.3	14.8	27.1	5.7	0.2	40

* = station is within zone of total eclipse   Data: NCDC

Percent of possible sunshine: the percent of time from sunrise to sunset at which sunshine is recorded on average, for July. This statistic is probably the best for determining the probability of seeing the eclipse.

Percent frequency of clear, trace, scattered, broken, and overcast cloud and obscured skies. Clear means no cloud whatsoever, trace is 1-2 oktas, scattered is 2-4 oktas, broken is 5-7 oktas, and overcast means no breaks in cloud cover whatsoever. Obscured is used for fog conditions and refers to a surface-based layer that hides the sky. An okta is an eighth of the sky.

Table 18
Field of View and Size of Sun's Image for Various Photographic Focal Lengths

Focal Length	Field of View (35mm)	Field of View (digital)	Size of Sun
14 mm	98° x 147°	65° x 98°	0.2 mm
20 mm	69° x 103°	46° x 69°	0.2 mm
28 mm	49° x 74°	33° x 49°	0.2 mm
35 mm	39° x 59°	26° x 39°	0.3 mm
50 mm	27° x 40°	18° x 28°	0.5 mm
105 mm	13° x 19°	9° x 13°	1.0 mm
200 mm	7° x 10°	5° x 7°	1.8 mm
400 mm	3.4° x 5.1°	2.3° x 3.4°	3.7 mm
500 mm	2.7° x 4.1°	1.8° x 2.8°	4.6 mm
1000 mm	1.4° x 2.1°	0.9° x 1,4°	9.2 mm
1500 mm	0.9° x 1.4°	0.6° x 0.9°	13.8 mm
2000 mm	0.7° x 1.0°	0.5° x 0.7°	18.4 mm

Image Size of Sun (mm) = Focal Length (mm) / 109

Table 19: Solar Eclipse Exposure Guide

ISO	\multicolumn{9}{c}{f/Number}
25	1.4	2	2.8	4	5.6	8	11	16	22
50	2	2.8	4	5.6	8	11	16	22	32
100	2.8	4	5.6	8	11	16	22	32	44
200	4	5.6	8	11	16	22	32	44	64
400	5.6	8	11	16	22	32	44	64	88
800	8	11	16	22	32	44	64	88	128
1600	11	16	22	32	44	64	88	128	176

Subject	Q				Shutter Speed					
Solar Eclipse										
Partial[1] - 4.0 ND	11	—	—	—	1/4000	1/2000	1/1000	1/500	1/250	1/125
Partial[1] - 5.0 ND	8	1/4000	1/2000	1/1000	1/500	1/250	1/125	1/60	1/30	1/15
Baily's Beads[2]	11	—	—	—	1/4000	1/2000	1/1000	1/500	1/250	1/125
Chromosphere	10	—	—	1/4000	1/2000	1/1000	1/500	1/250	1/125	1/60
Prominences	9	—	1/4000	1/2000	1/1000	1/500	1/250	1/125	1/60	1/30
Corona - 0.1 Rs	7	1/2000	1/1000	1/500	1/250	1/125	1/60	1/30	1/15	1/8
Corona - 0.2 Rs[3]	5	1/500	1/250	1/125	1/60	1/30	1/15	1/8	1/4	1/2
Corona - 0.5 Rs	3	1/125	1/60	1/30	1/15	1/8	1/4	1/2	1 sec	2 sec
Corona - 1.0 Rs	1	1/30	1/15	1/8	1/4	1/2	1 sec	2 sec	4 sec	8 sec
Corona - 2.0 Rs	0	1/15	1/8	1/4	1/2	1 sec	2 sec	4 sec	8 sec	15 sec
Corona - 4.0 Rs	-1	1/8	1/4	1/2	1 sec	2 sec	4 sec	8 sec	15 sec	30 sec
Corona - 8.0 Rs	-3	1/2	1 sec	2 sec	4 sec	8 sec	15 sec	30 sec	1 min	2 min

Exposure Formula: $t = f^2 / (I \times 2^Q)$ where: t = exposure time (sec)
  f = f/number or focal ratio
  I = ISO film speed
  Q = brightness exponent

Abbreviations: ND = Neutral Density Filter.
  Rs = Solar Radii.

Notes: [1] Exposures for partial phases are also good for annular eclipses.
  [2] Baily's Beads are extremely bright and change rapidly.
  [3] This exposure also recommended for the 'Diamond Ring' effect.

FIGURES

FIGURE 1: ORTHOGRAPHIC PROJECTION MAP OF THE ECLIPSE PATH
Total Solar Eclipse of 2009 Jul 22

Ecliptic Conjunction = 02:35:41.9 TD (= 02:34:36.0 UT)
Greatest Eclipse = 02:36:24.4 TD (= 02:35:18.5 UT)

Eclipse Magnitude = 1.0799   Gamma = 0.0698

Saros Series = 136   Member = 37 of 71

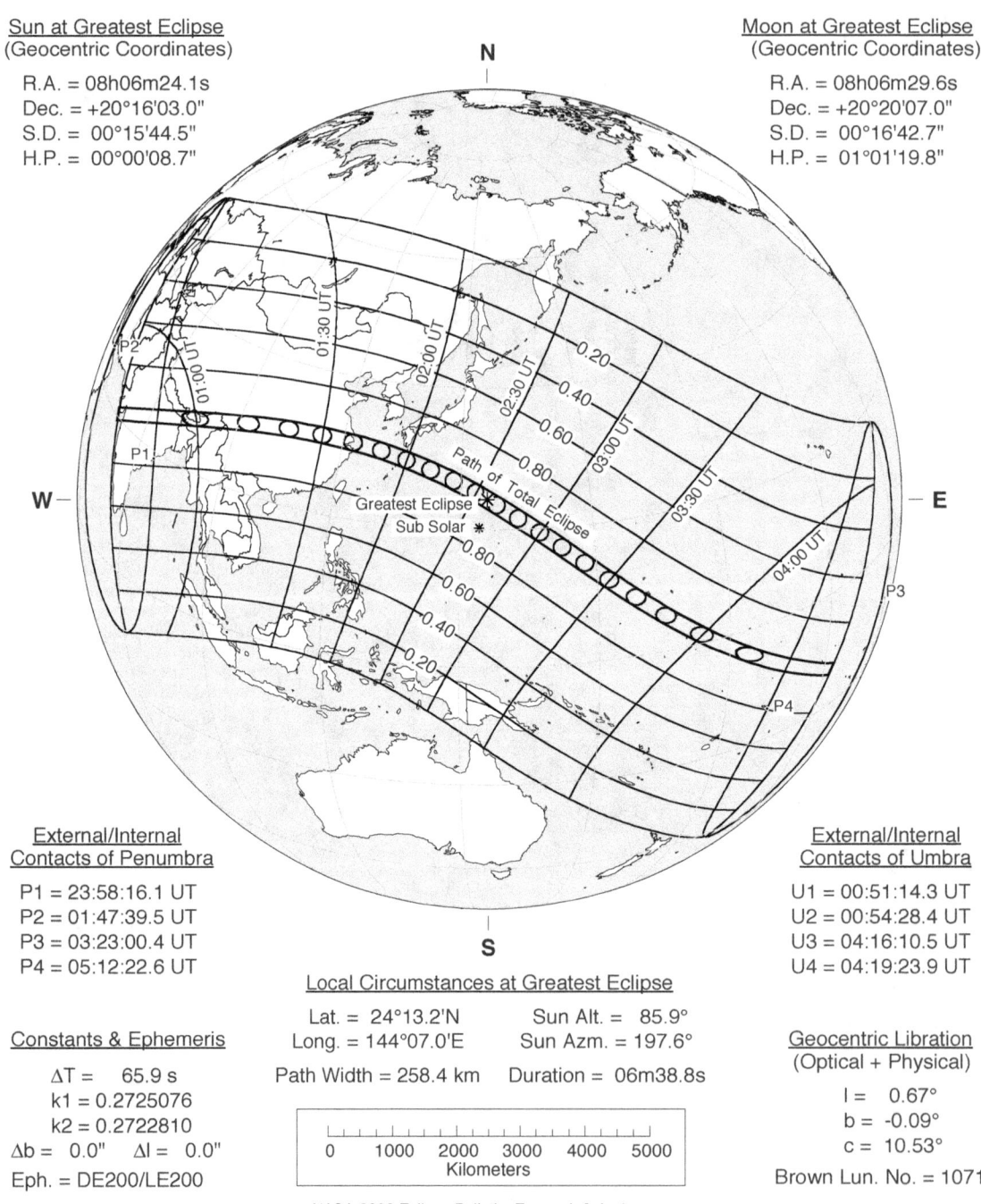

Sun at Greatest Eclipse
(Geocentric Coordinates)

R.A. = 08h06m24.1s
Dec. = +20°16'03.0"
S.D. = 00°15'44.5"
H.P. = 00°00'08.7"

Moon at Greatest Eclipse
(Geocentric Coordinates)

R.A. = 08h06m29.6s
Dec. = +20°20'07.0"
S.D. = 00°16'42.7"
H.P. = 01°01'19.8"

External/Internal
Contacts of Penumbra

P1 = 23:58:16.1 UT
P2 = 01:47:39.5 UT
P3 = 03:23:00.4 UT
P4 = 05:12:22.6 UT

External/Internal
Contacts of Umbra

U1 = 00:51:14.3 UT
U2 = 00:54:28.4 UT
U3 = 04:16:10.5 UT
U4 = 04:19:23.9 UT

Constants & Ephemeris

ΔT = 65.9 s
k1 = 0.2725076
k2 = 0.2722810
Δb = 0.0"   Δl = 0.0"
Eph. = DE200/LE200

Local Circumstances at Greatest Eclipse

Lat. = 24°13.2'N   Sun Alt. = 85.9°
Long. = 144°07.0'E   Sun Azm. = 197.6°
Path Width = 258.4 km   Duration = 06m38.8s

Geocentric Libration
(Optical + Physical)

l = 0.67°
b = -0.09°
c = 10.53°

Brown Lun. No. = 1071

NASA 2009 Eclipse Bulletin, Espenak & Anderson

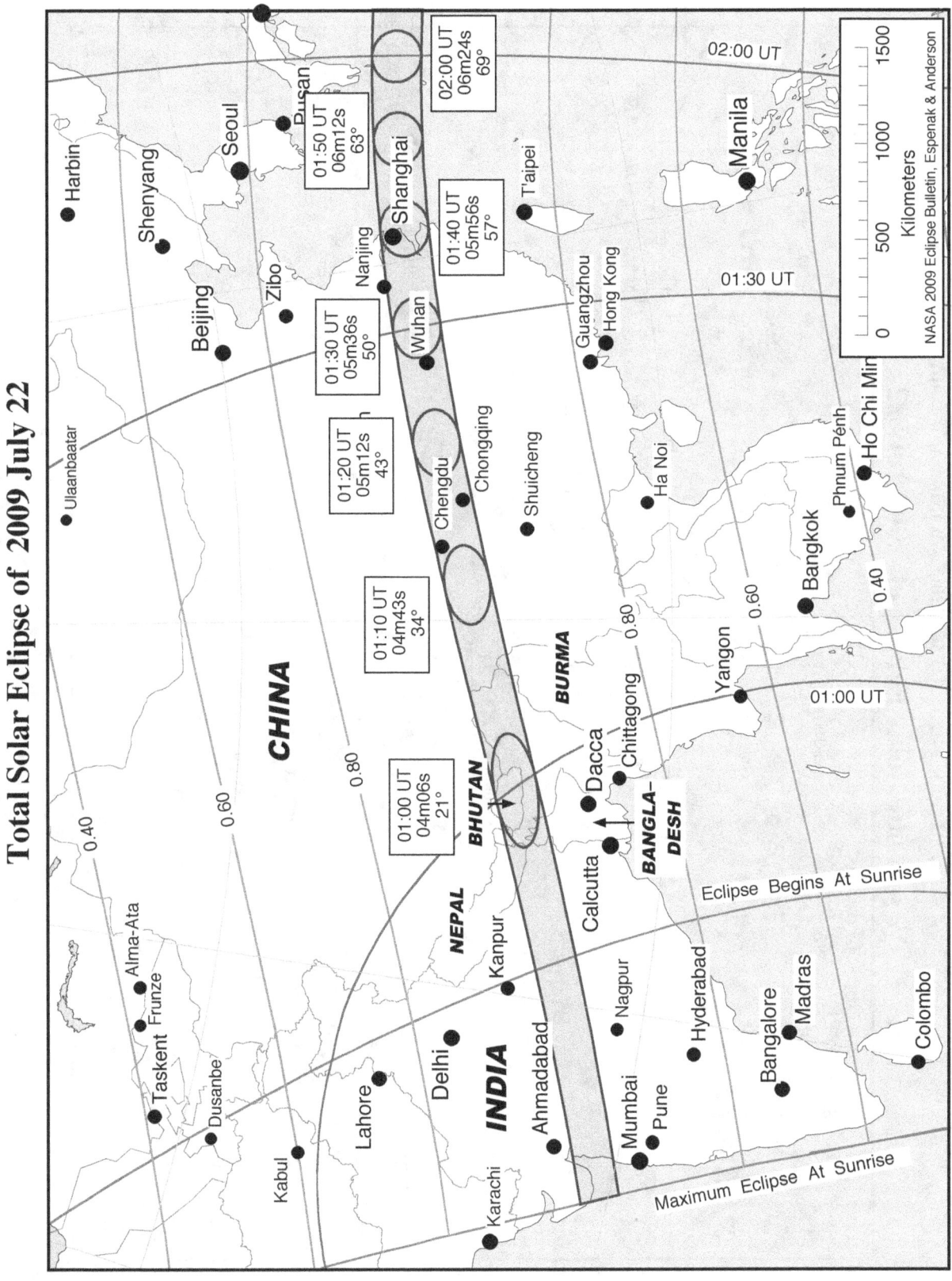

FIGURE 2: PATH OF THE ECLIPSE THROUGH ASIA
Total Solar Eclipse of 2009 July 22

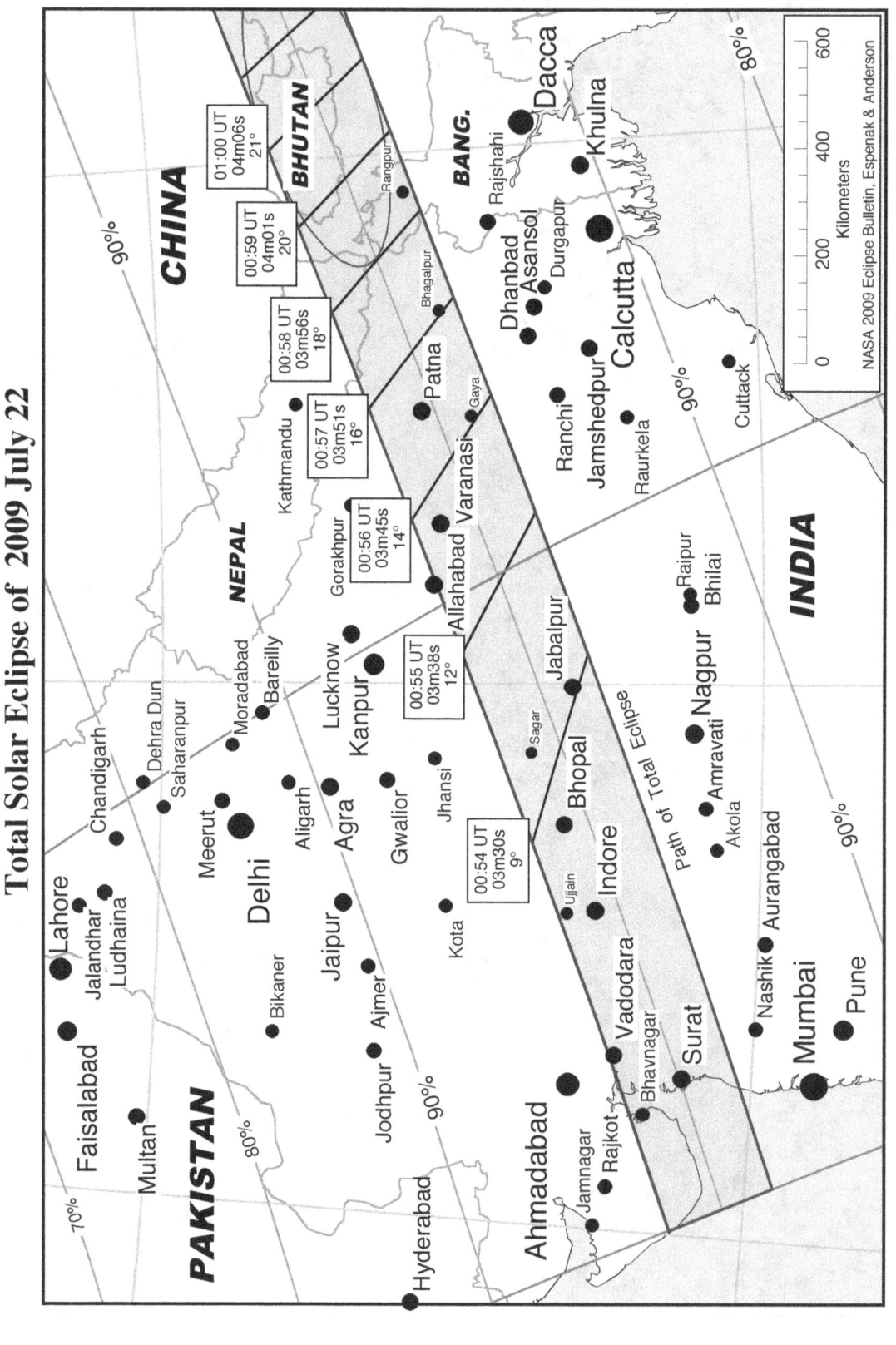

FIGURE 3: PATH OF THE ECLIPSE THROUGH INDIA AND BHUTAN

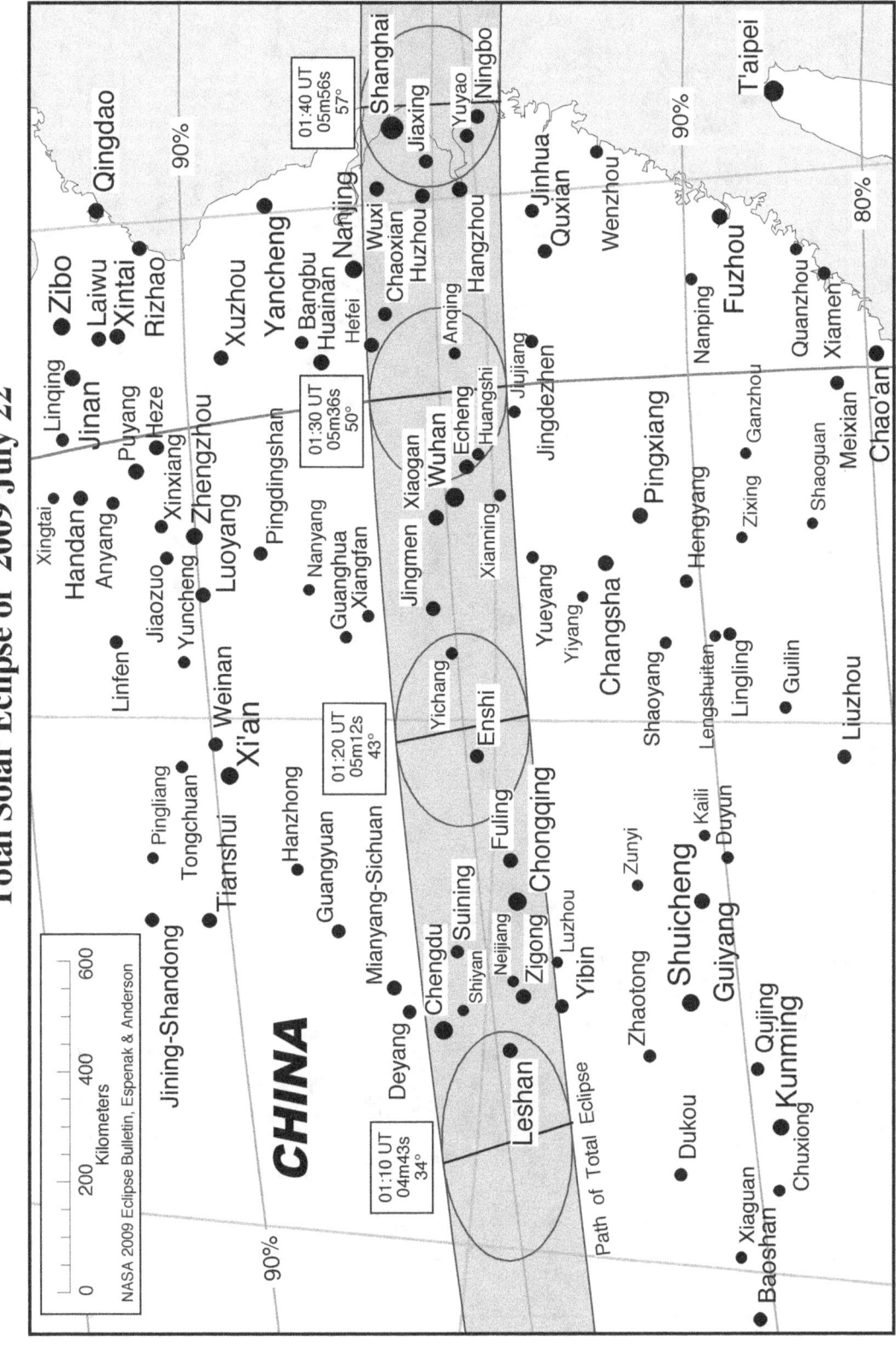

Figure 4: Path of the Eclipse Through China

Total Solar Eclipse of 2009 July 22

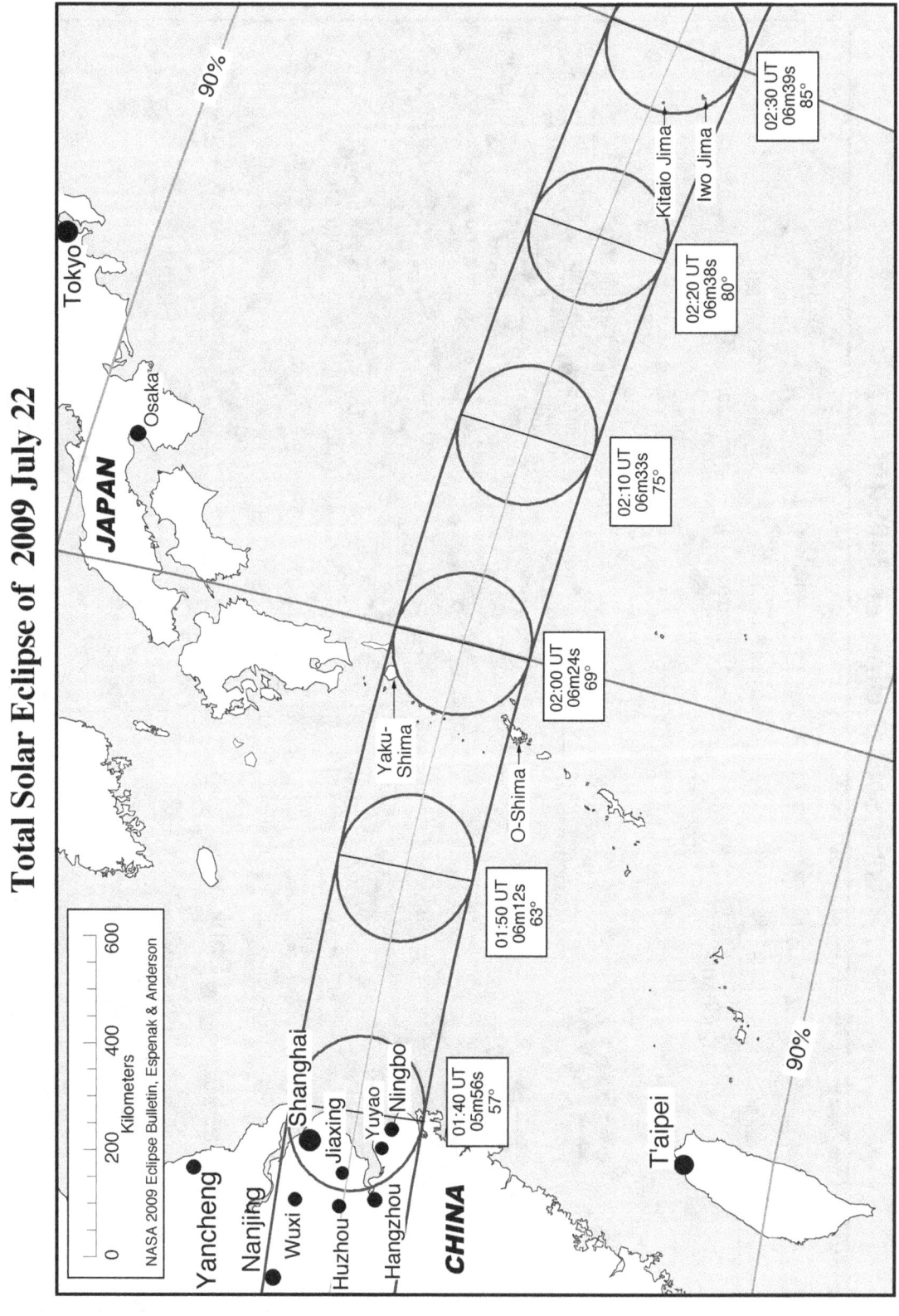

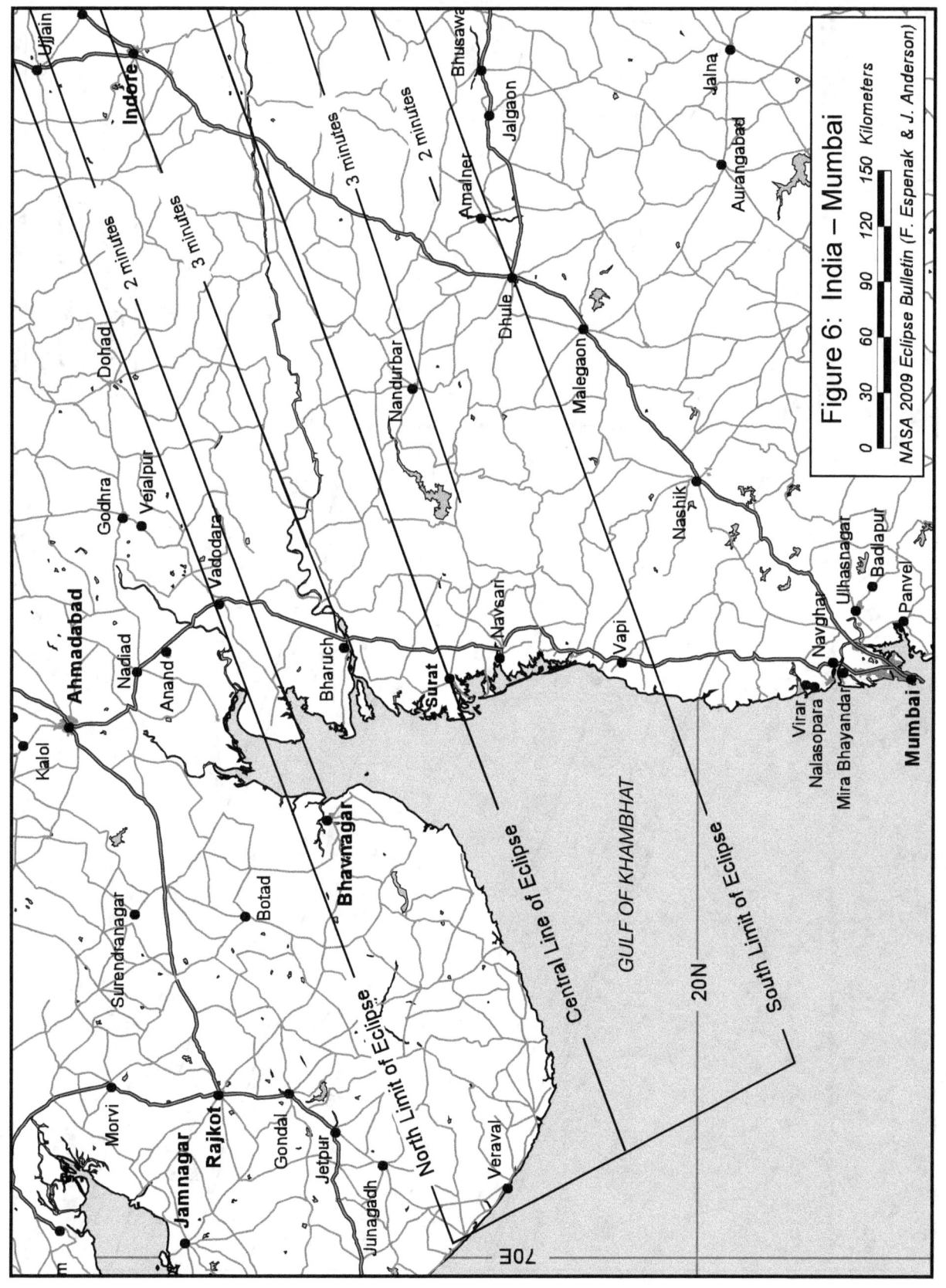

Figure 6: India – Mumbai

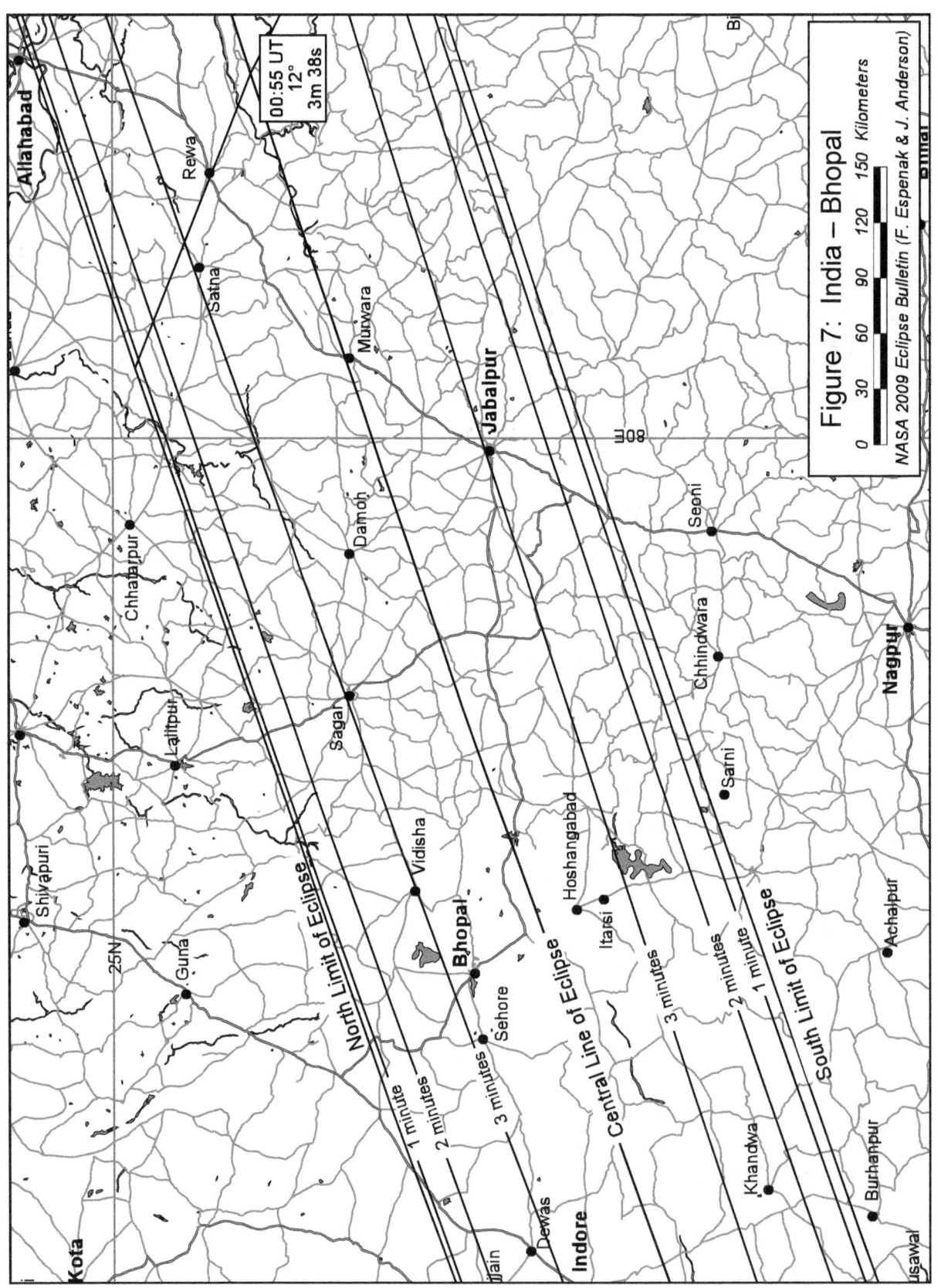

Figure 7: India – Bhopal

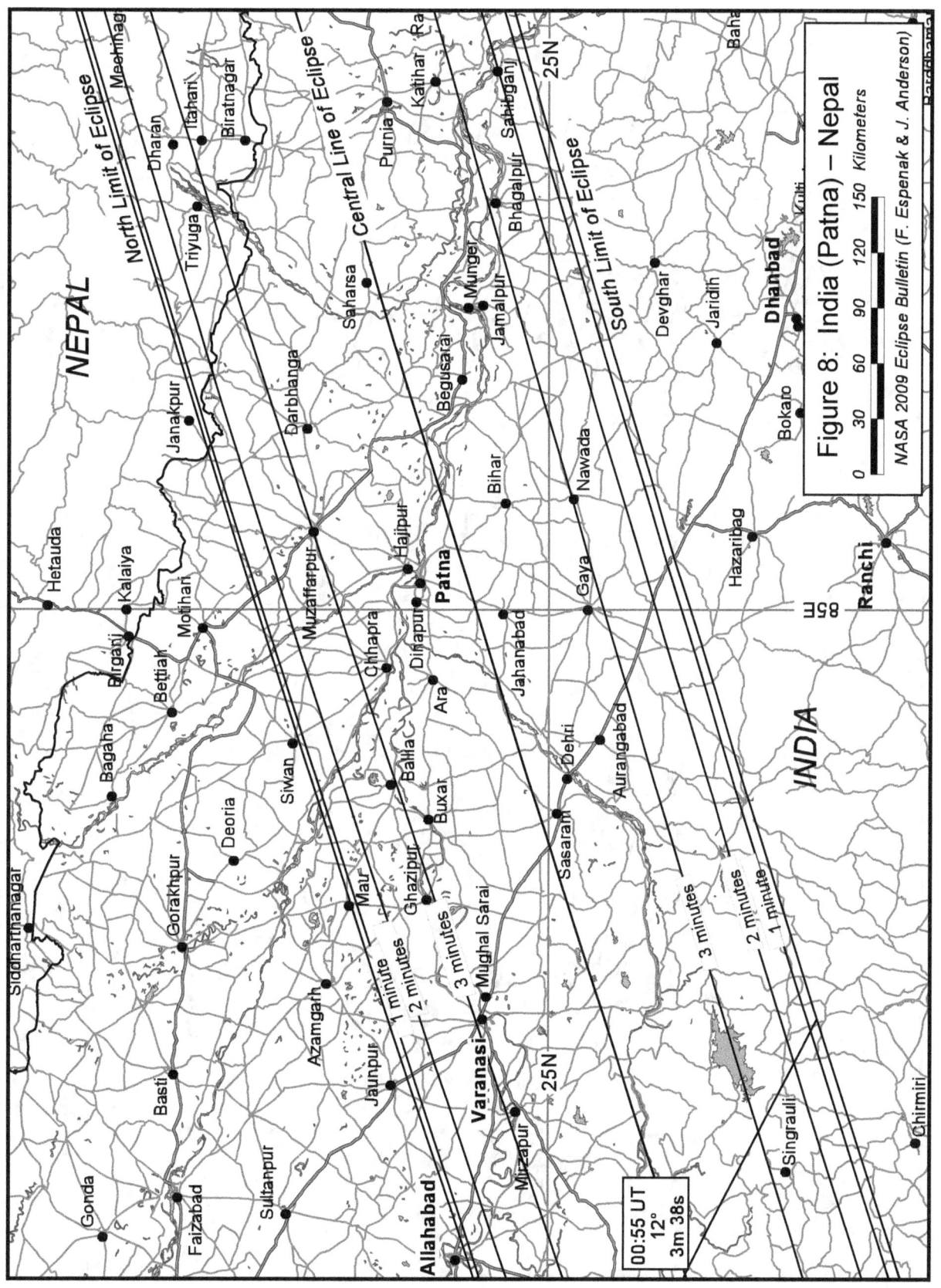

Total Solar Eclipse of 2009 July 22

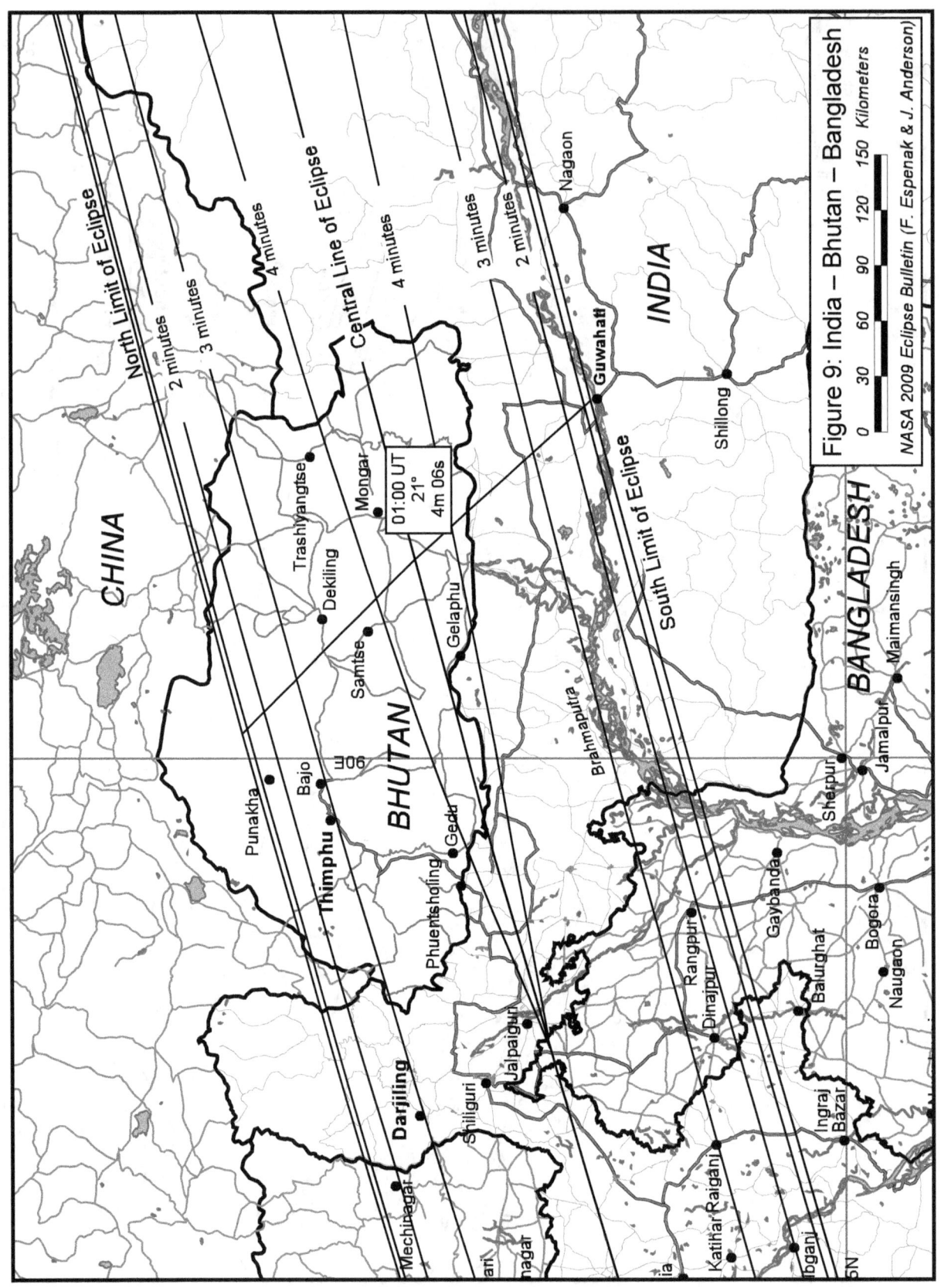

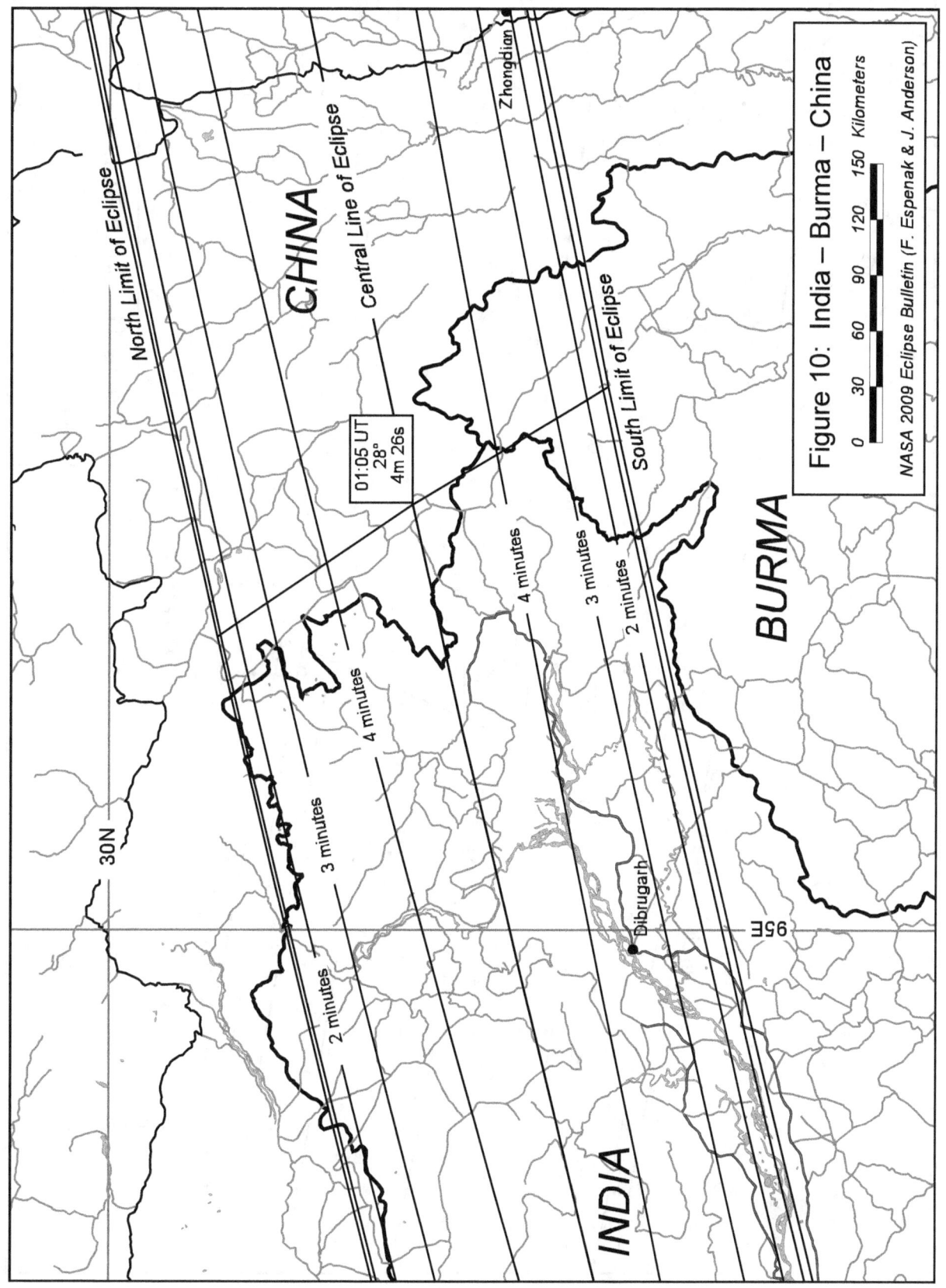

Total Solar Eclipse of 2009 July 22

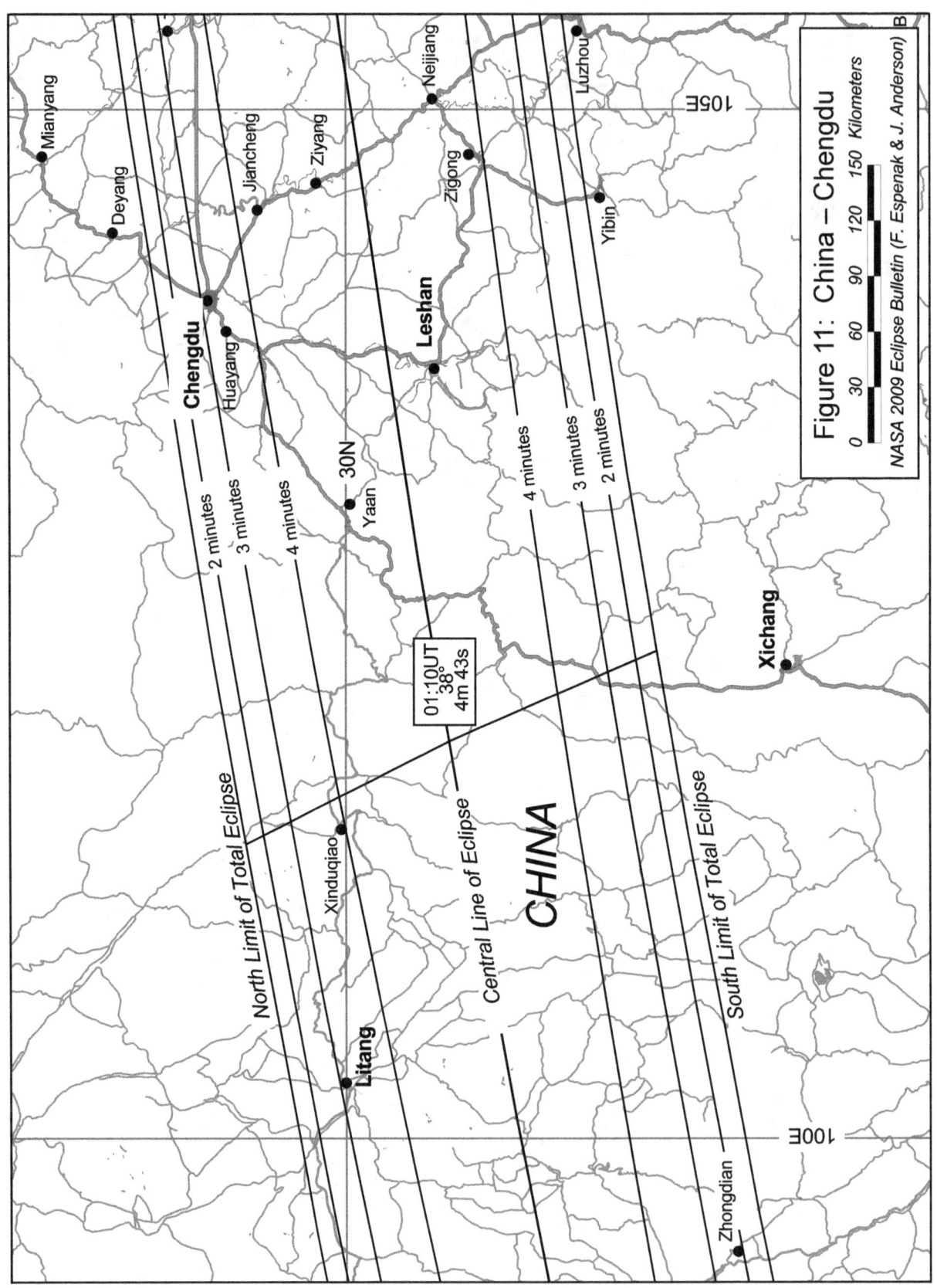

Figure 11: China – Chengdu

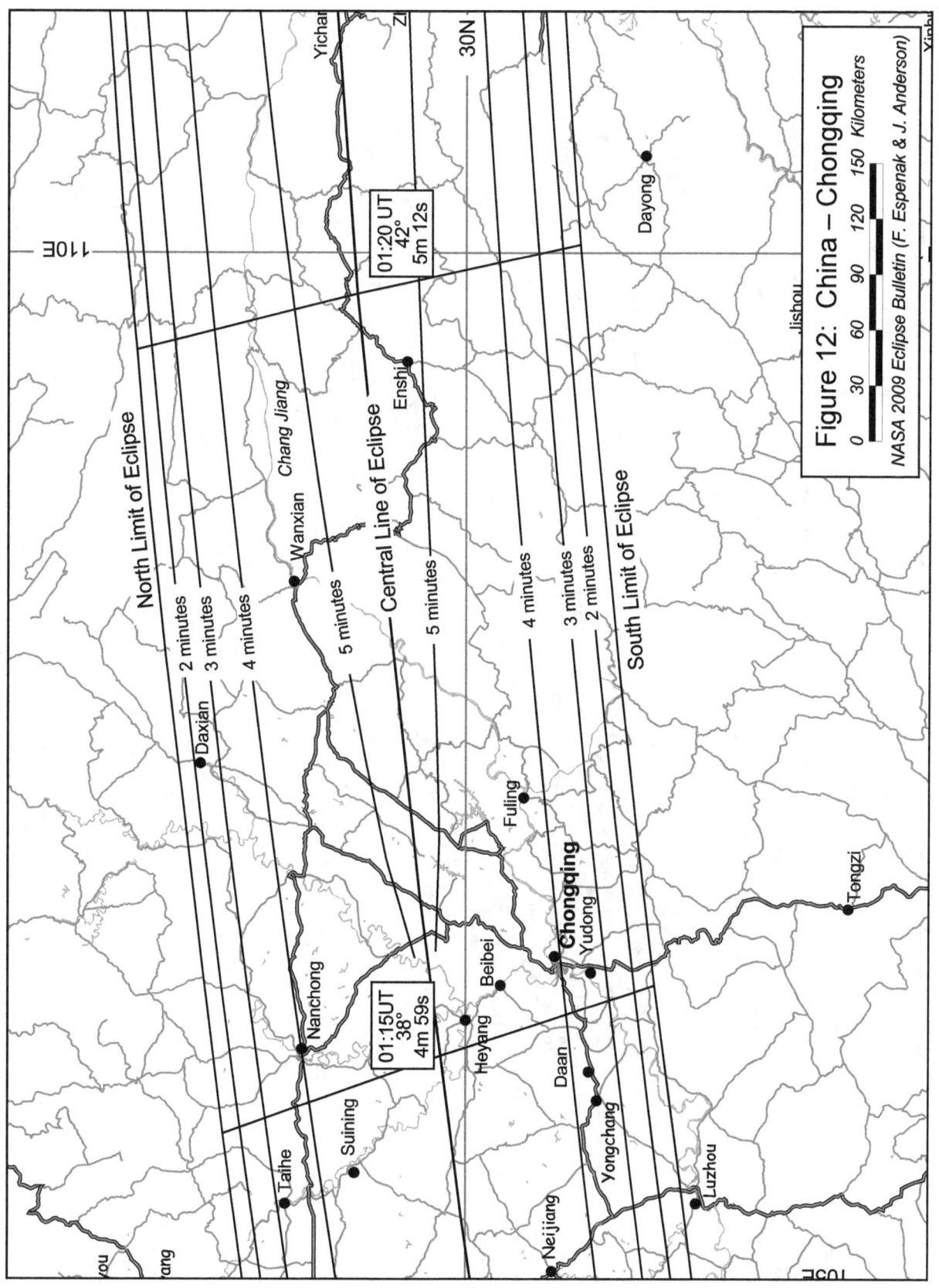

Total Solar Eclipse of 2009 July 22

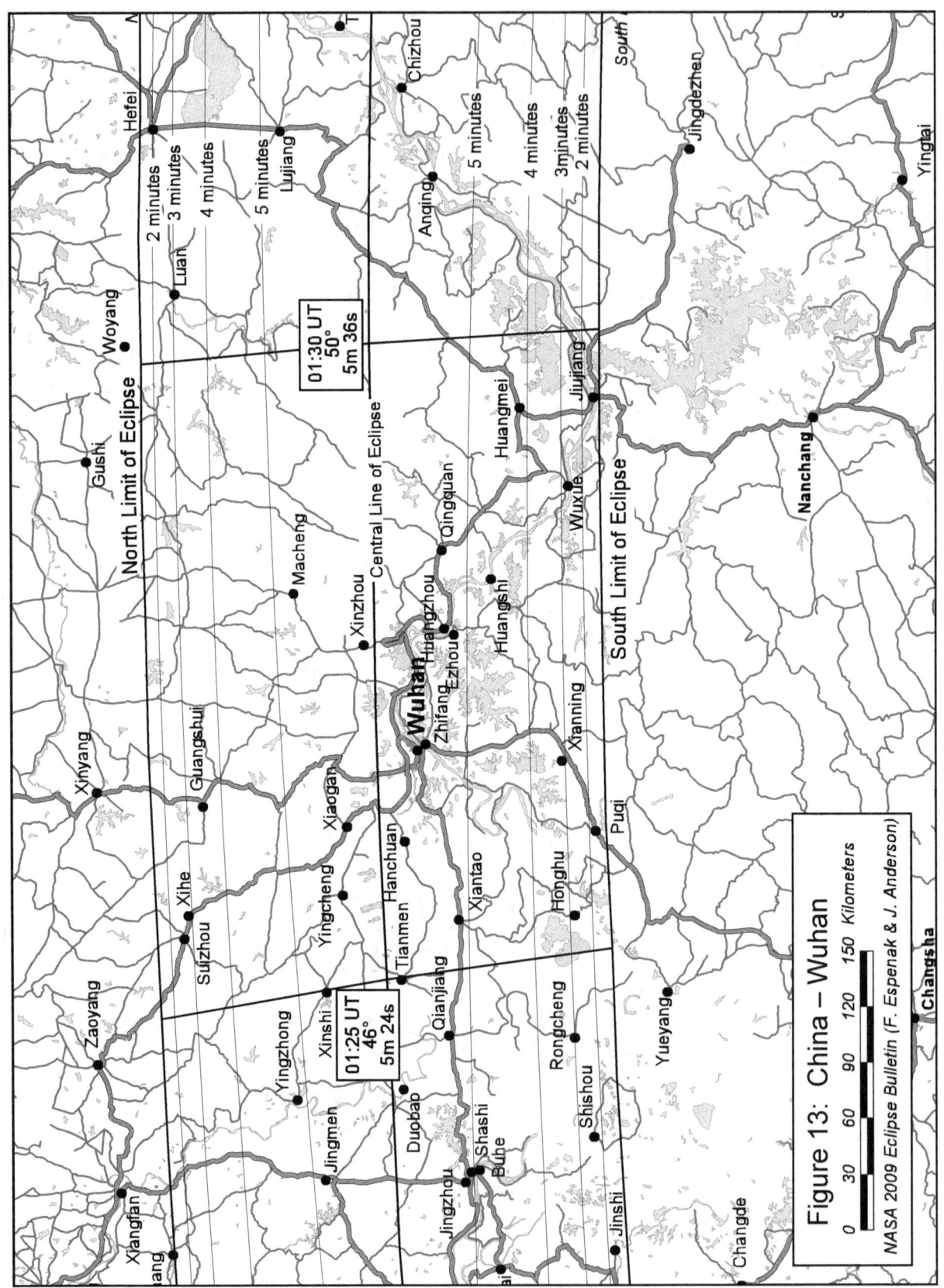

Figure 13: China – Wuhan

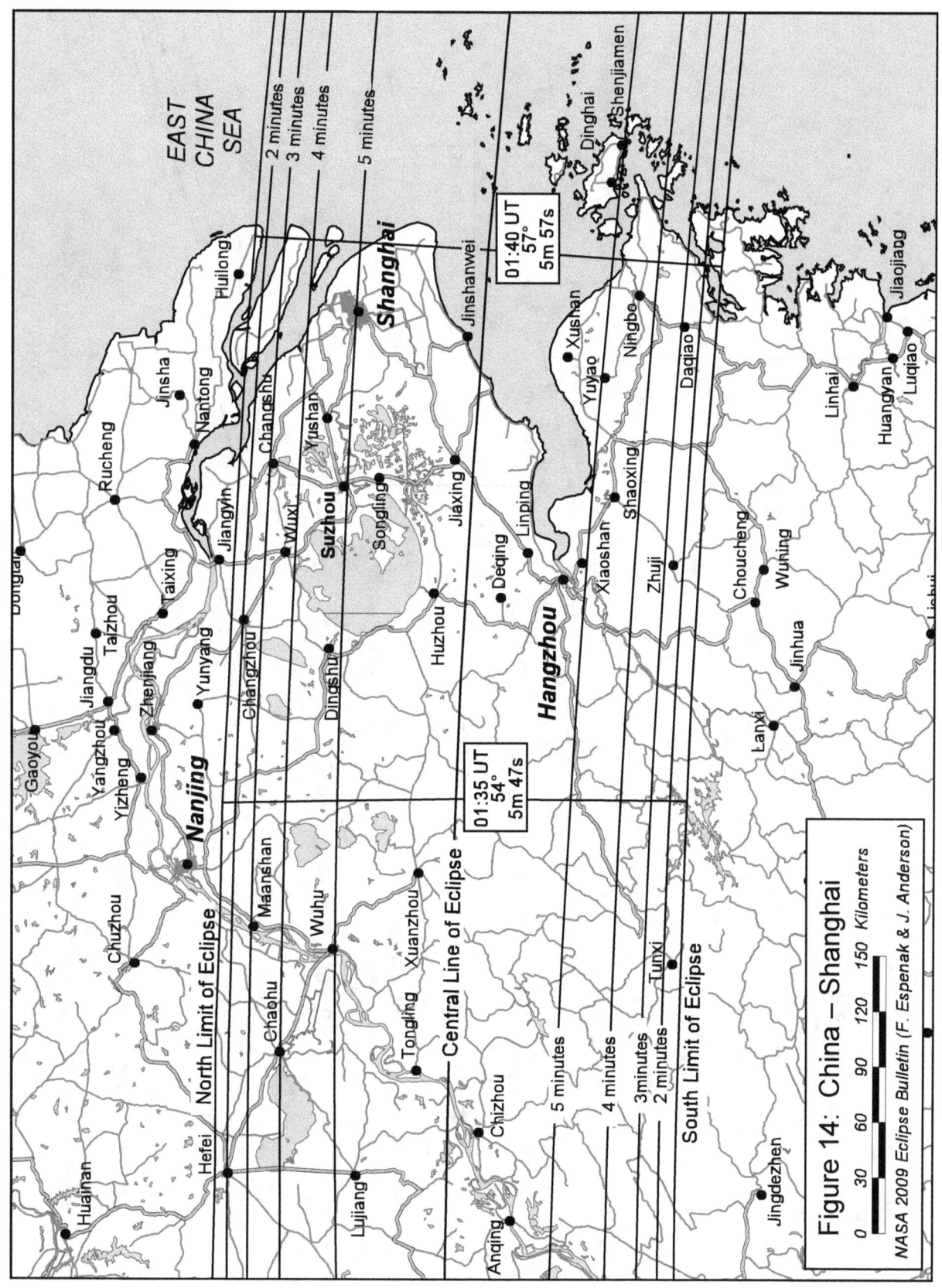

Figure 14: China – Shanghai
NASA 2009 Eclipse Bulletin (F. Espenak & J. Anderson)

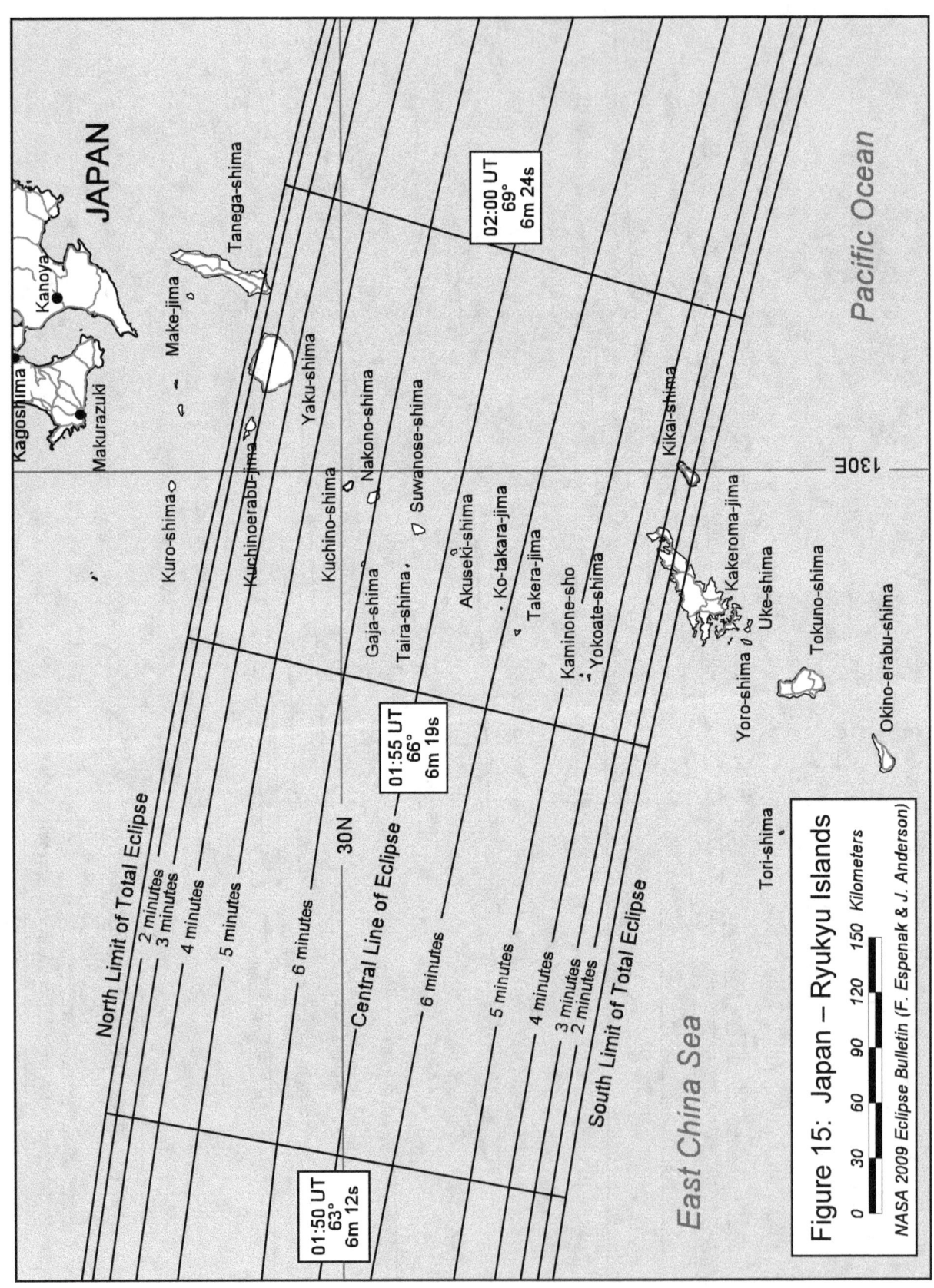

Figure 15: Japan – Ryukyu Islands

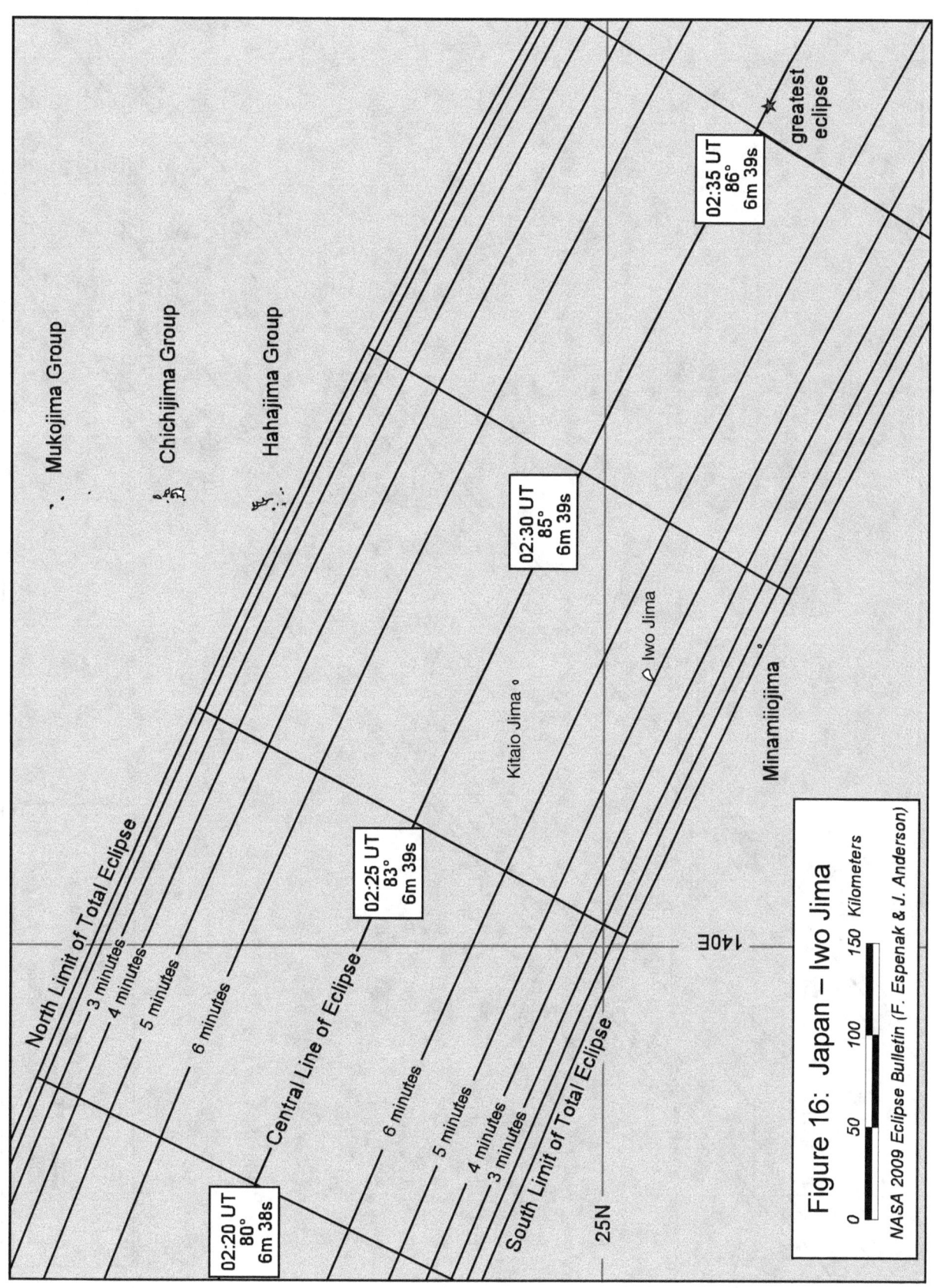

Figure 16: Japan – Iwo Jima

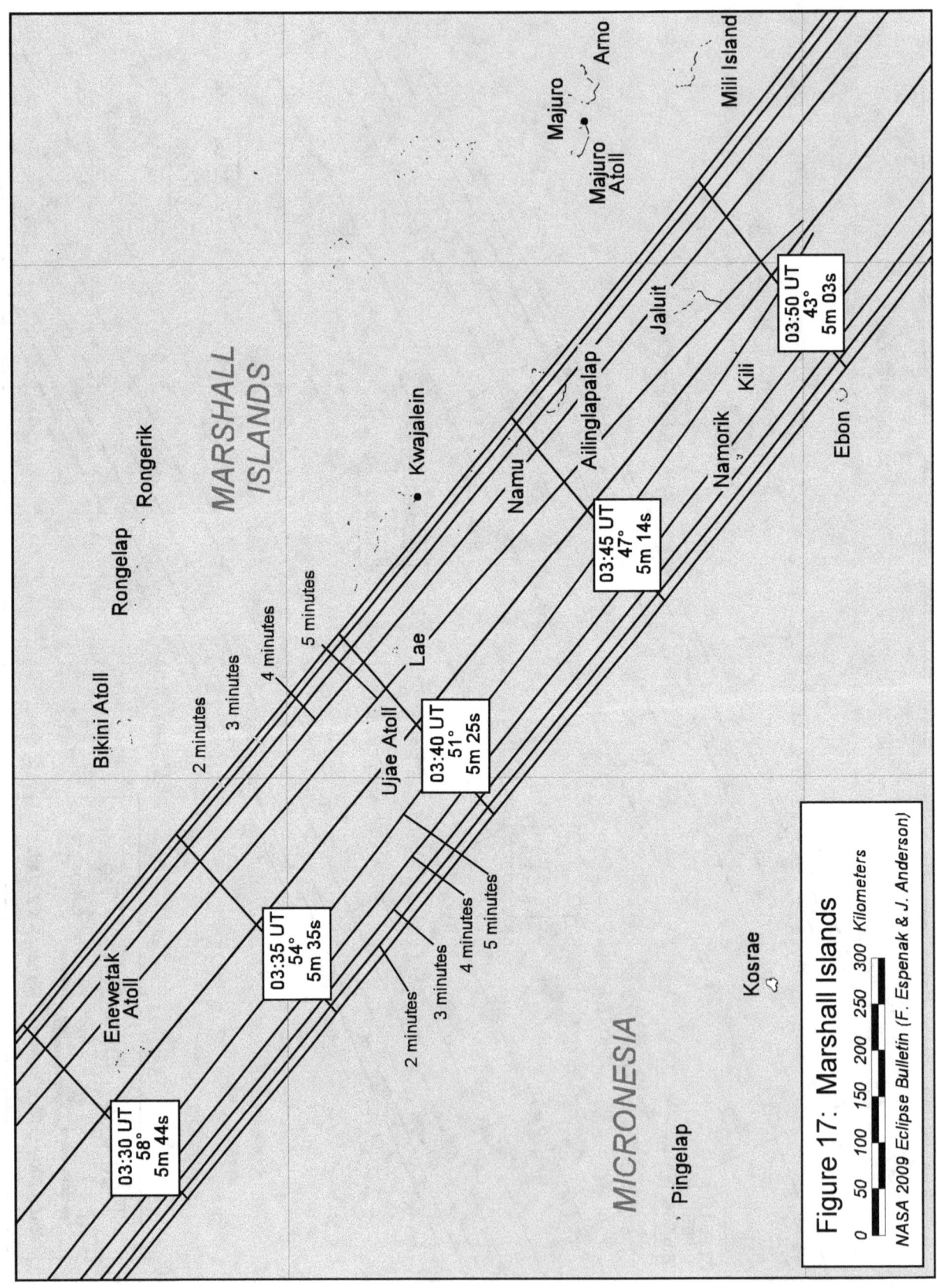

Figure 17: Marshall Islands

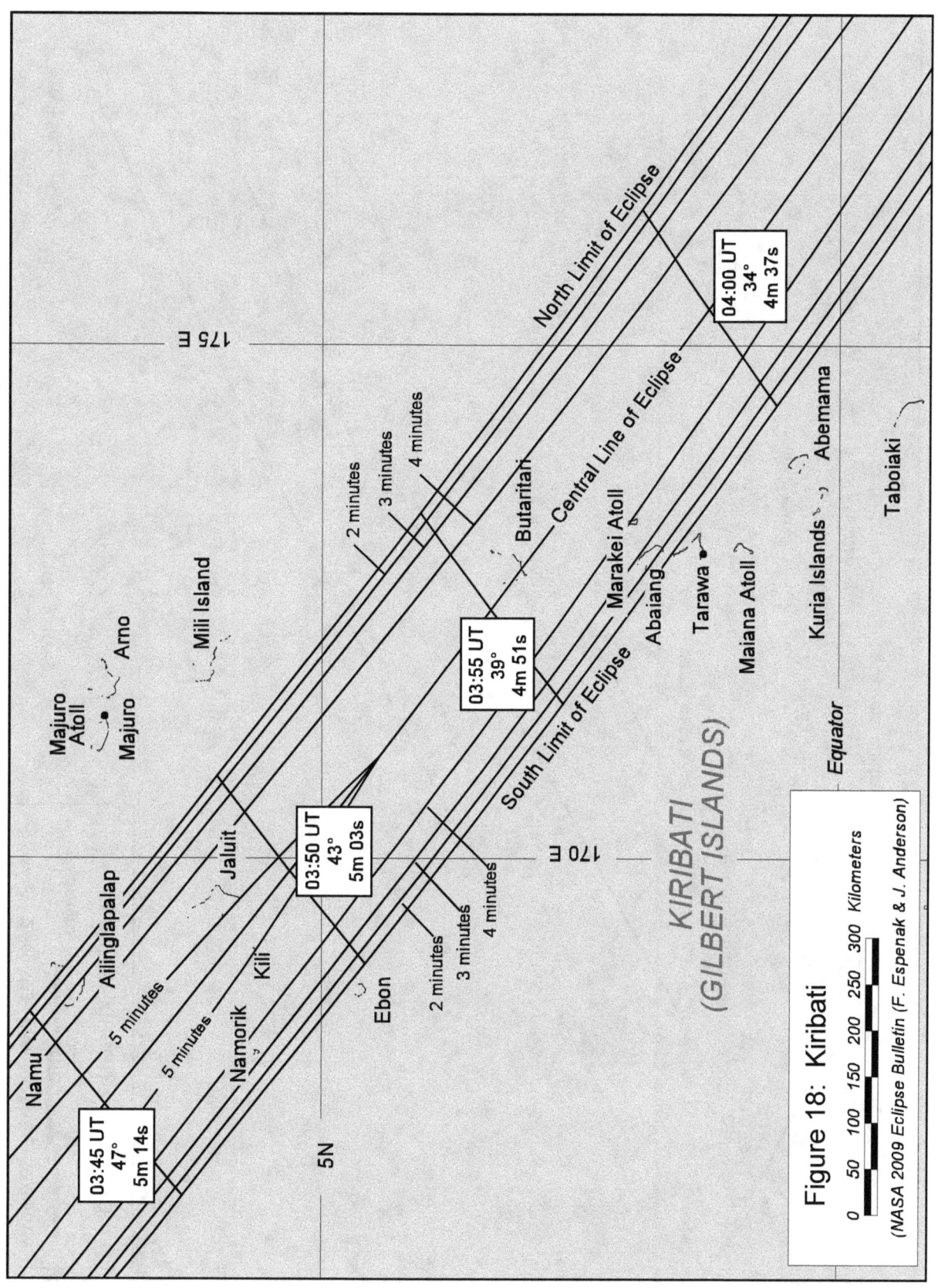

Figure 18: Kiribati

(NASA 2009 Eclipse Bulletin (F. Espenak & J. Anderson)

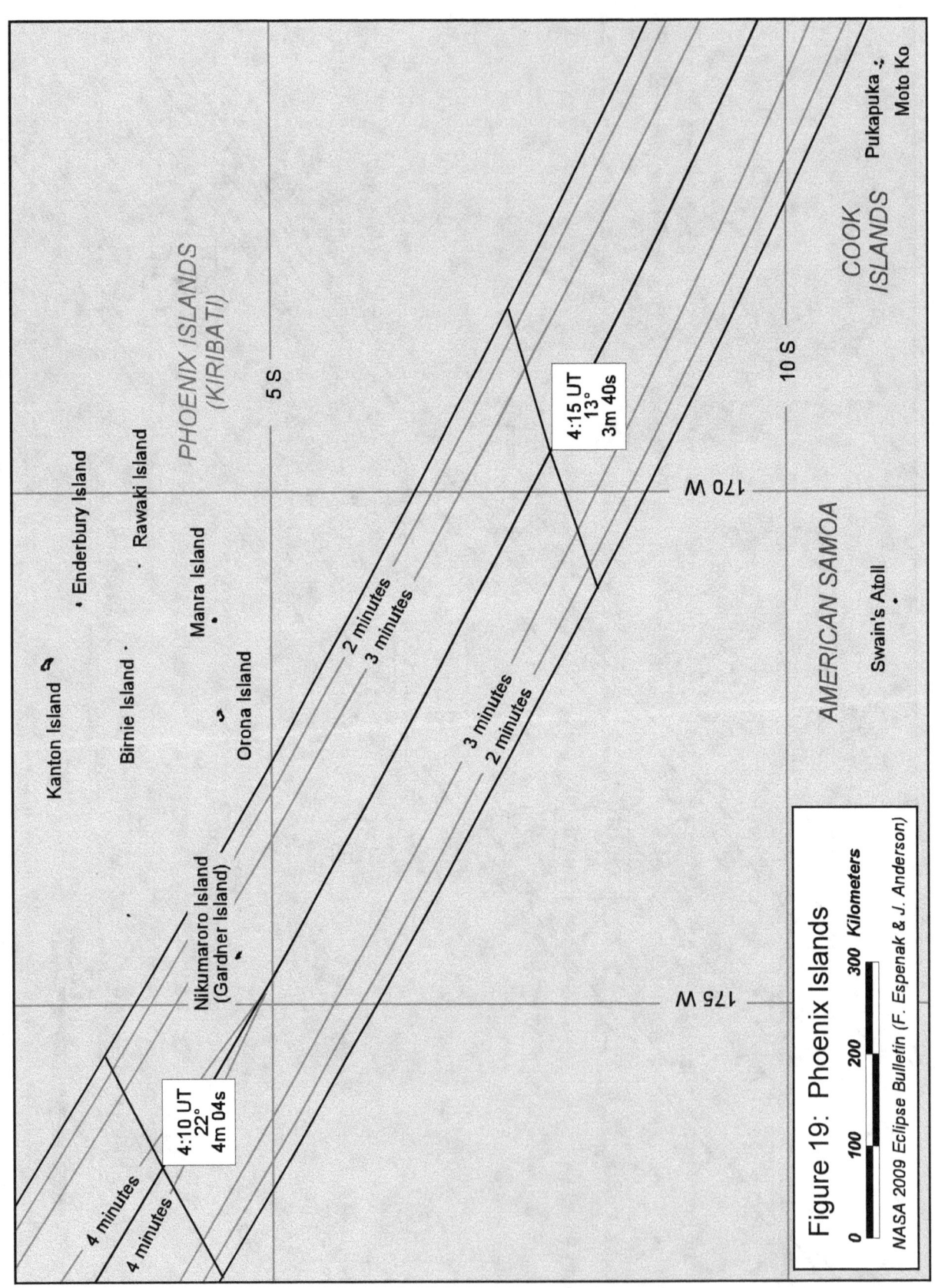

Figure 19: Phoenix Islands

Figure 20 - Lunar Limb Profile for July 22 at 01:30 UT
Total Solar Eclipse of 2009 Jul 22

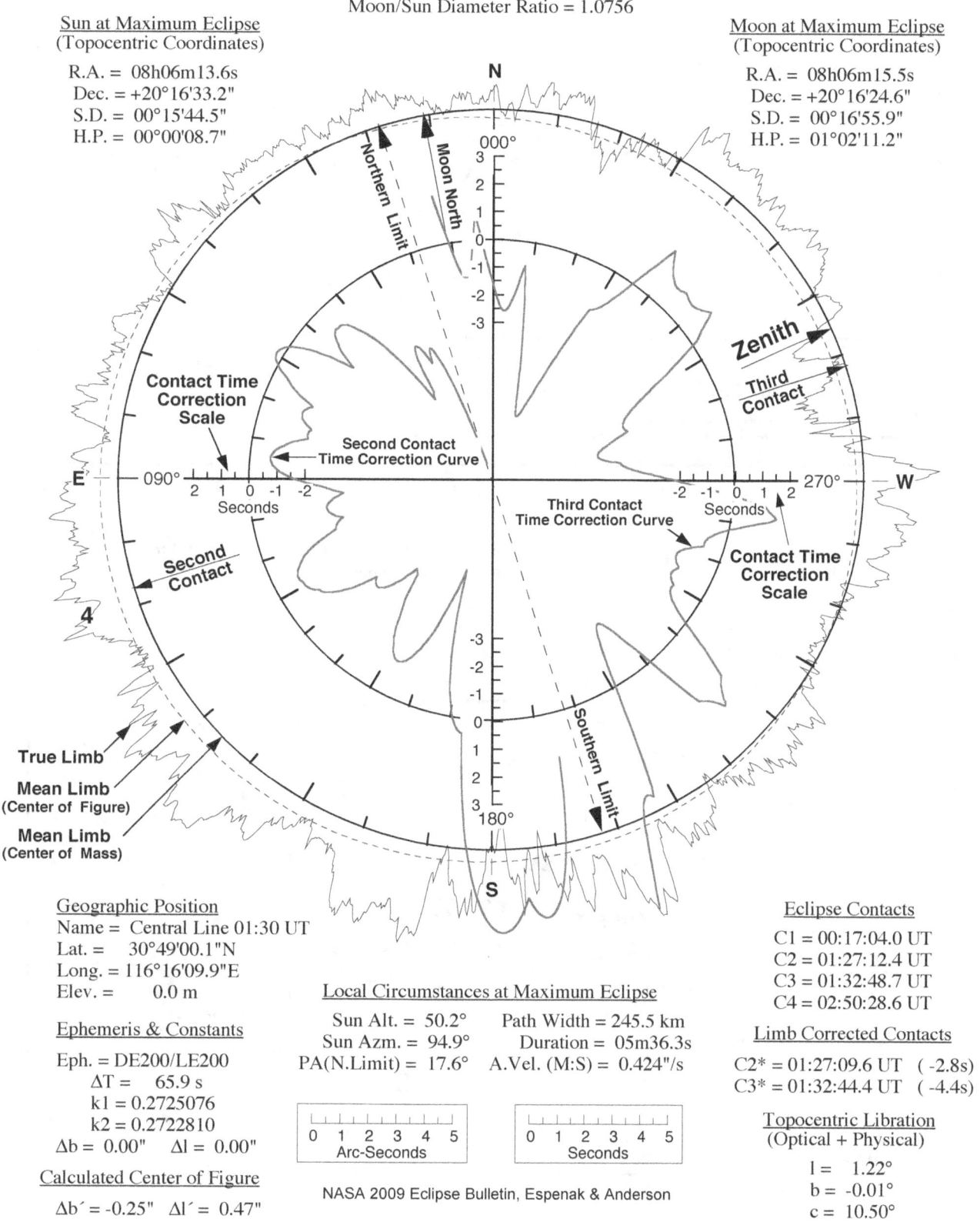

Total Solar Eclipse of 2009 July 22

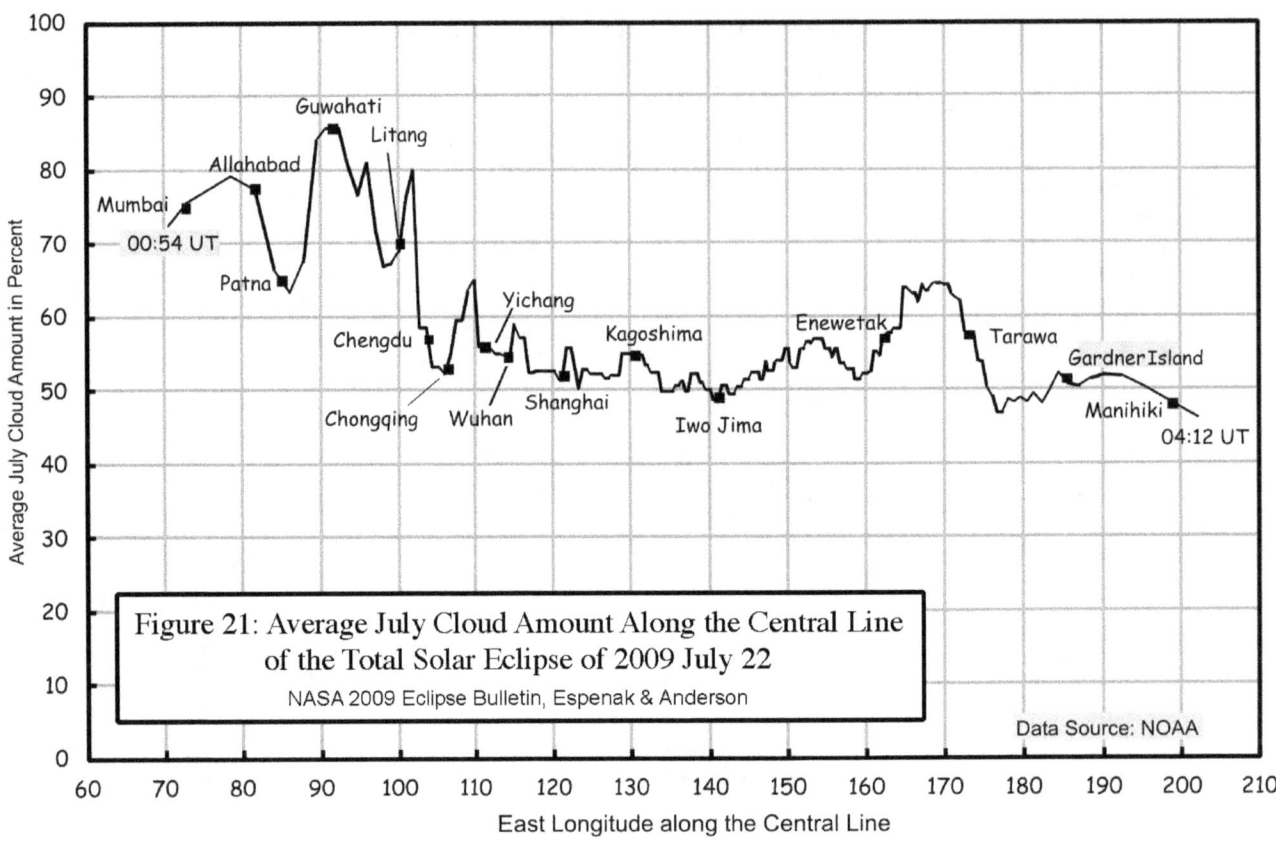

Figure 21: Average July daytime cloud amount along the central line of the eclipse. The data are extracted from 20 years of satellite images, from 1981 to 2000. Geographical sites are plotted along the graph according to their longitude.

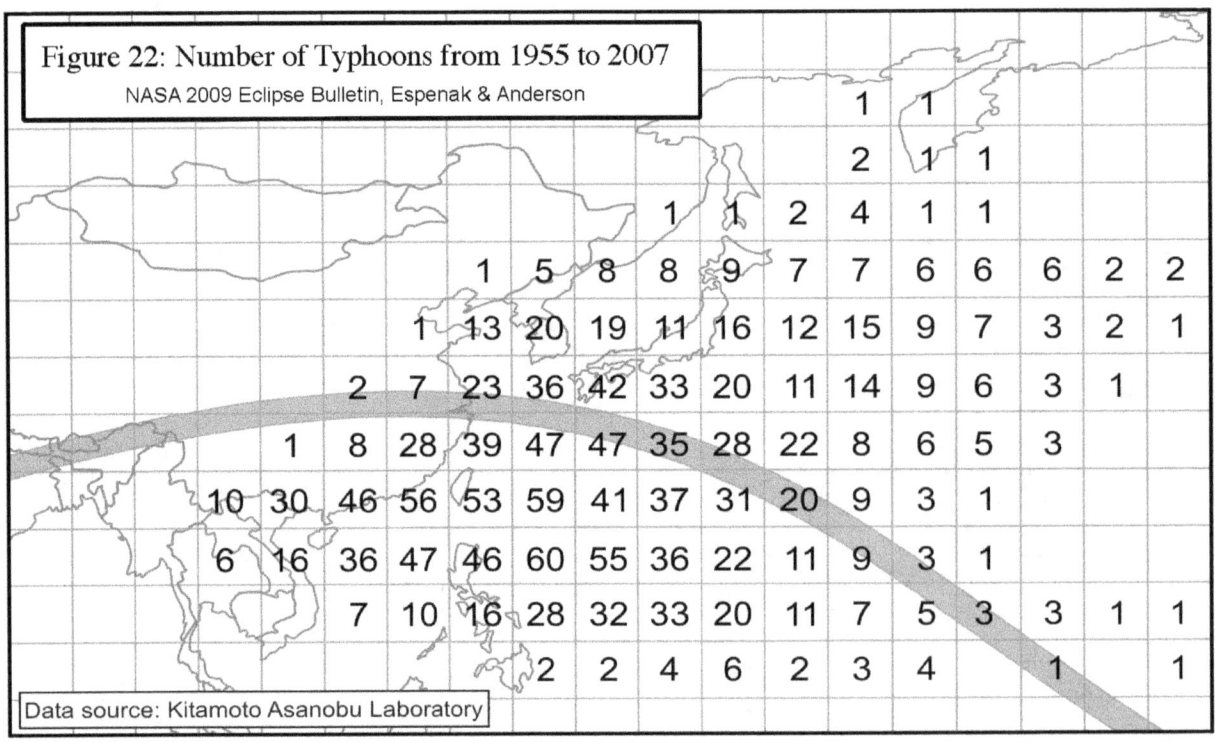

Figure 22: The number of typhoons in July within a 5° x 5° latitude-longitude box from 1955 to 2007.

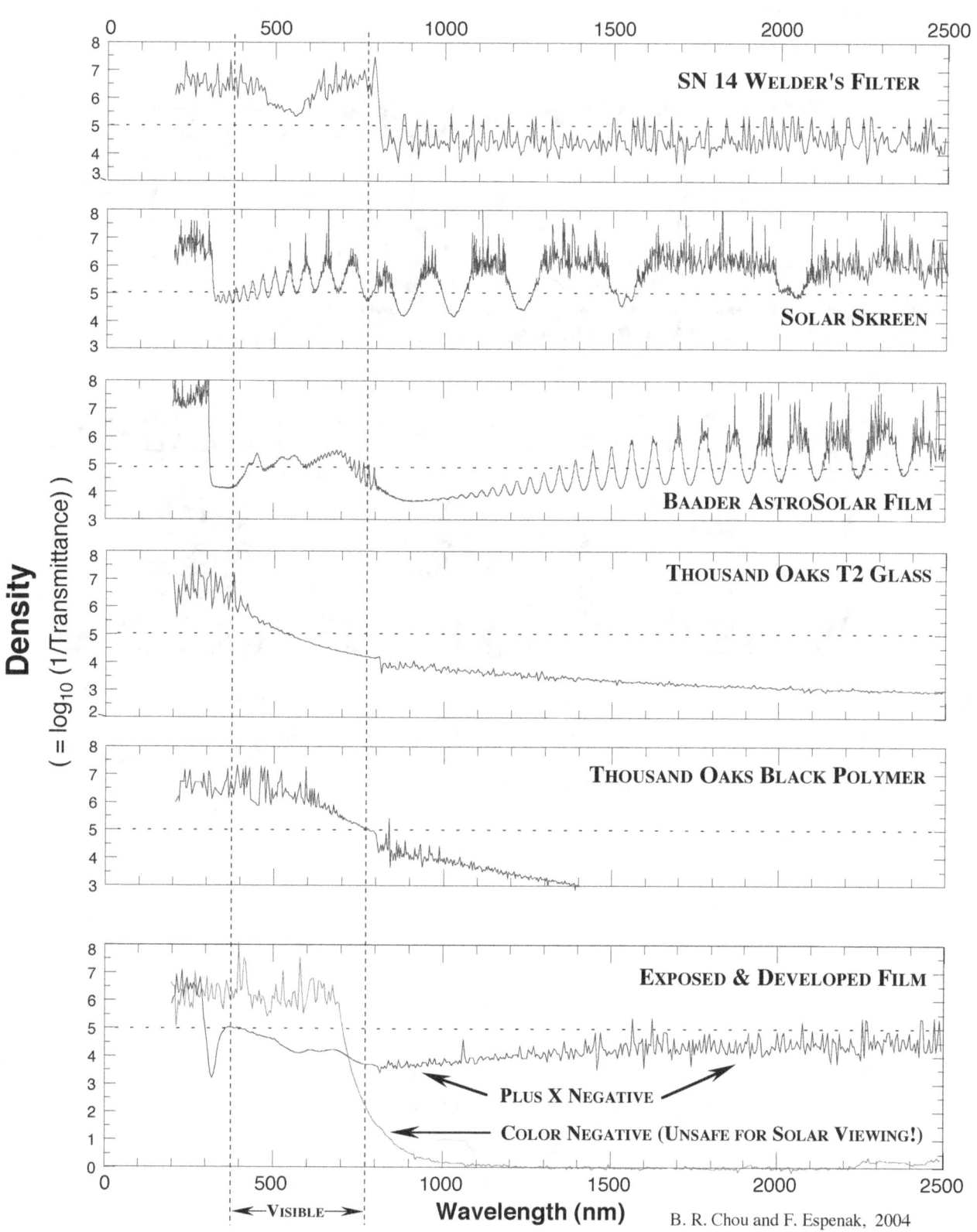

FIGURE 23: Spectral Response of Some Commonly Available Solar Filters

Figure 24 - Lens Focal Length vs. Image Size for Eclipse Photography

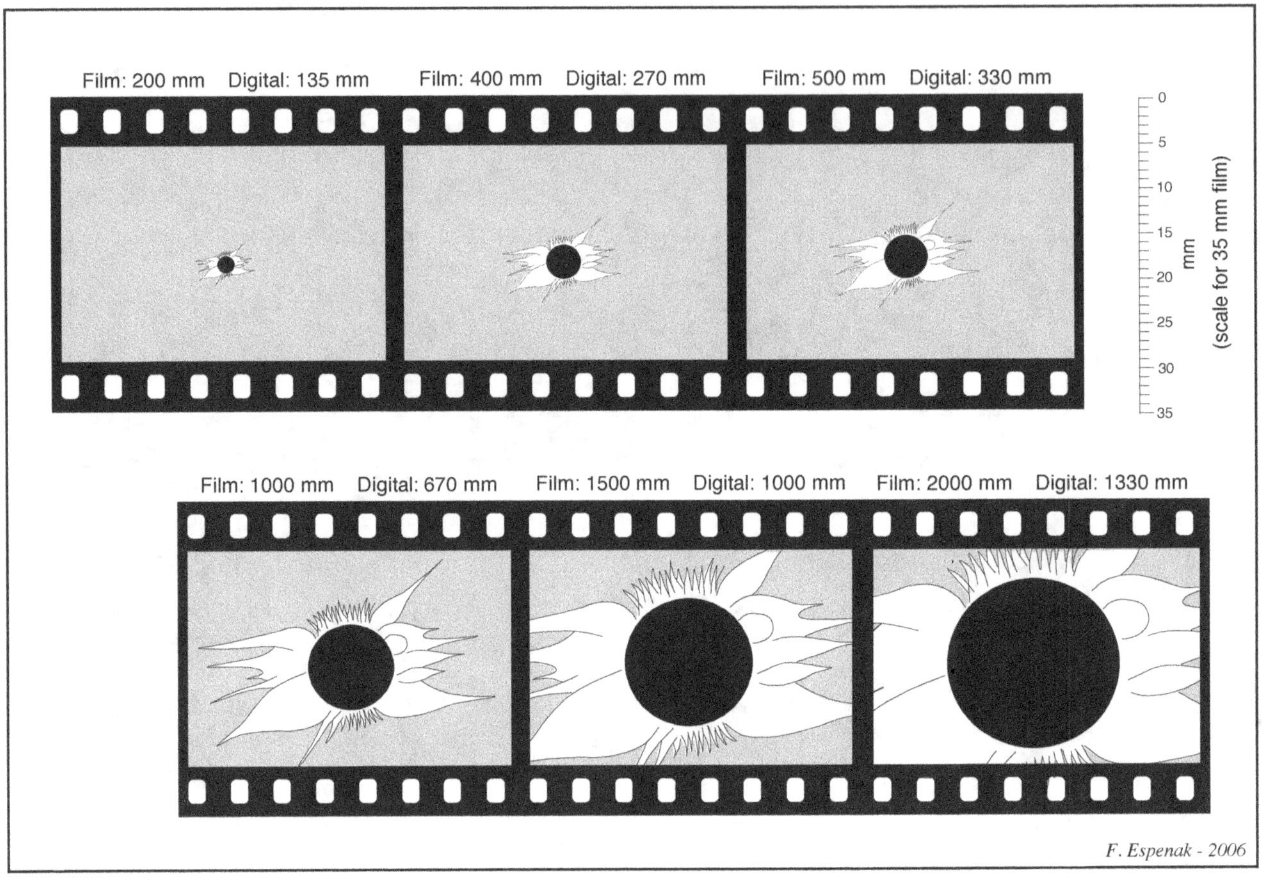

The image size of the eclipsed Sun and corona is shown for a range of focal lengths on both 35 mm film cameras and digital SLR's which use a CCD 2/3 the size of 35 mm film. Thus, the same lens produces an image 1.5 x larger on a digital SLR as compared to film.

FIGURE 25 - SKY DURING TOTALITY AS SEEN FROM CENTRAL LINE AT 01:30 UT

Total Solar Eclipse of 2009 Jul 22

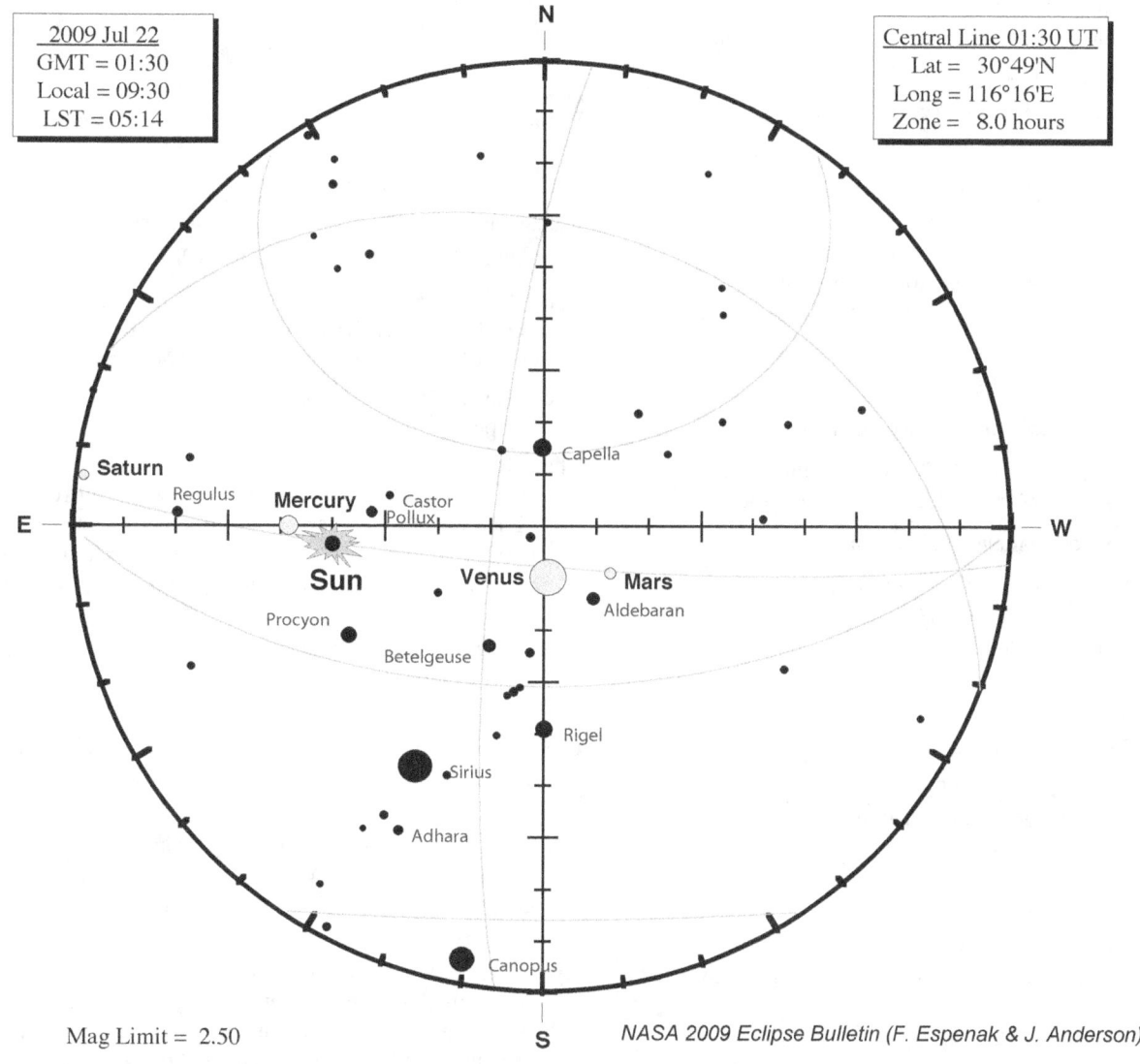

The sky during totality as seen from the central line in China at 01:30 UT. The brightest planets visible during the total eclipse will be Mercury (m_v=–1.4) and Venus (m_v=–3.9) located 9° east and 41° west of the Sun, respectively. Saturn (m_v=+1.1), and Mars (m_v=+1.1) will be more difficult to spot. Bright stars, which might also be visible, include Procyon (m_v=+0.38), Sirius (m_v=-1.44), Betelgeuse (m_v=+0.5v), Rigel (m_v=+0.12) and Capella (m_v=+0.08).

The geocentric ephemeris below (using Bretagnon and Simon, 1986) gives the apparent positions of the naked eye planets during the eclipse. *Delta* is the distance of the planet from Earth (A.U.'s), *App. Mag.* is the apparent visual magnitude of the planet, and *Solar Elong* gives the elongation or angle between the Sun and planet.

```
Ephemeris: 2009 Jul 22 01:30 UT              Equinox = Mean Date

                                        App.  Apparent           Solar
  Planet       RA       Declination    Delta  Mag.  Diameter  Phase  Elong
                                                    arc-sec            °
  Sun       08h06m13s   +20°16'35"    1.01603 -26.7  1889.0     -       -
  Moon      08h03m41s   +20°32'23"    0.00239   -    2005.4     -       -
  Mercury   08h45m08s   +19°54'46"    1.31901  -1.4     5.1   0.95    9.1E
  Venus     05h11m09s   +20°51'31"    1.06004  -3.9    15.7   0.70   40.9W
  Mars      04h20m45s   +21°03'01"    1.80846   1.1     5.2   0.91   52.5W
  Jupiter   21h50m24s   -14°09'22"    4.11192  -2.8    47.9   1.00  154.4W
  Saturn    11h20m17s   +06°27'08"   10.06221   1.1    16.5   1.00   49.0E
```

ACRONYMS

AIDS	Acquired Immune Deficiency Syndrome
CD	Compact Disk
CDAC	Center for Development of Advanced Computing
DCW	Digital Chart of the World
DMA	Defense Mapping Agency (U.S.)
DSLR	Digital-Single Lens Reflex
GFS	Global Forecast System
GPS	Global Positioning System
IAU	International Astronomical Union
IOTA	International Occultation Timing Association
ISO	International Organization for Standardization
JNC	Jet Navigation Charts
JPL	Jet Propulsion Laboratory
MTSAT	Multi-Functional Transport Satellite
NCAR	National Center for Atmospheric Research
NMEA	National Marine Electronics Association
ONC	Operational Navigation Charts
SASE	Self Addressed Stamped Envelope
SDAC	Solar Data Analysis Center
SEML	Solar Eclipse Mailing List
SLR	Single Lens Reflex
TDT	Terrestrial Dynamical Time
TP	Technical Publication
USAF	United States Air Force
USGS	United States Geological Survey
UT	Universal Time
UV	Ultraviolet
UVA	Ultraviolet-A
WDBII	World Data Bank II
WRF	Weather Research and Forecasting (model)

UNITS

arcmin	arc minute
arcsec	arc second
ft	foot
h	hour
Hz	Hertz
km	kilometer
m	meter
MHz	MegaHertz
min	minute
mm	millimeter
nm	nanometer
s	second

BIBLIOGRAPHY

American Conference of Governmental Industrial Hygienists Worldwide (ACGIH), 2004: *TLVs® and BEIs® Based on the Documentation of the Threshold Limit Values for Chemical Substances and Physical Agents & Biological Exposure Indices*, ACGIH, Cincinnati, Ohio, 151–158.

Bretagnon, P., and J.L. Simon, 1986: *Planetary Programs and Tables from –4000 to +2800*, Willmann-Bell, Richmond, Virginia, 151 pp.

Bretagnon P., and G. Francou, 1988, "Planetary theories in rectangular and spherical variables: VSOP87 solution," *Astron. Astrophys.*, **202**(1-2) 309–315.

Chapront-Touzé, M., and Chapront, J., 1983, "The Lunar Ephemeris ELP 2000," *Astron. Astrophys.*, **124**(1), 50–62.

Chou, B.R., 1981: Safe solar filters. *Sky & Telescope*, **62**(2), 119 pp.

Chou, B.R., 1996: Eye safety during solar eclipses—Myths and realities. In: Z. Mouradian and M. Stavinschi, eds., "Theoretical and Observational Problems Related to Solar Eclipses," *Proc. NATO Advanced Research Workshop*. Kluwer Academic Publishers, Dordrecht, Germany, 243–247.

Chou, B.R., and M.D. Krailo, 1981: Eye injuries in Canada following the total solar eclipse of 26 February 1979. *Can. J. Optom.*, **43**, 40.

Crelinsten, J., 2006: *Einstein's Jury: The Race to Test Relativity*, Princeton University Press, Princeton, New Jersey, 428 pp.

Del Priore, L.V., 1999: "Eye Damage from a Solar Eclipse." In: M. Littmann, K. Willcox, and F. Espenak, *Totality, Eclipses of the Sun*, Oxford University Press, New York, 140–141.

Dyson, F.W., A.S. Eddington, and C.R. Davidson, 1920, "A determination of the deflection of light by the Sun's gravitational field, from observations made at the total eclipse of May 29, 1919" *Mem. R. Astron. Soc.*, **220**, 291–333.

Espenak, F., 1987: Fifty Year Canon of Solar Eclipses: 1986–2035, *NASA Ref. Pub. 1178*, NASA Goddard Space Flight Center, Greenbelt, Maryland, 278 pp.

Espenak, F., 1989a: Predictions for the total solar eclipse of 1991, *J. Roy. Astron. Soc. Can.*, **83**, 3.

Espenak, F., 1989b: "Eclipses during 1990." In: *1990 Observer's Handbook*, R. Bishop, Ed., Royal Astronomical Society of Canada, University of Toronto Press.

Espenak, F., and J. Anderson, 2006: "Predictions for the Total Solar Eclipses of 2008, 2009, and 2010," *Proc. IAU Symp. 233 Solar Activity and its Magnetic Origins*, Cambridge University Press, 495–502.

Espenak, F., and J. Meeus., 2006: *Five Millennium Canon of Solar Eclipses: –2000 to +3000 (2000 BCE to 3000 CE)*, *NASA Tech. Pub. 2006-214141,* NASA Goddard Space Flight Center, Greenbelt, Maryland, 648 pp.

Fiala, A., and M.R. Lukac, 1983: Annular Solar Eclipse of 30 May 1984, *U.S. Naval Observatory Circular No. 166,* Washington, DC, 63 pp.

Her Majesty's Nautical Almanac Office, 1974: *Explanatory Supplement to the Astronomical Ephemeris and the American Ephemeris and Nautical Almanac,* prepared jointly by the Nautical Almanac Offices of the United Kingdom and the United States of America, London, 534 pp.

Herald, D., 1983: Correcting predictions of solar eclipse contact times for the effects of lunar limb irregularities. *J. Brit. Ast. Assoc.,* **93,** 241–246.

Marsh, J.C.D., 1982: Observing the Sun in safety. *J. Brit. Ast. Assoc.,* **92,** 6.

Meeus, J., C.C. Grosjean, and W. Vanderleen, 1966: *Canon of Solar Eclipses*, Pergamon Press, New York, 779 pp.

Meeus, J., 1989: *Elements of Solar Eclipses: 1951–2200,* Willmann-Bell, Inc., Richmond, Virginia, 112 pp.

Michaelides, M., R. Rajendram, J. Marshall, and S. Keightley, 2001: Eclipse retinopathy. *Eye,* **15,** 148–151.

Morrison, L.V., 1979: Analysis of lunar occultations in the years 1943–1974, *Astr. J.,* **75,** 744.

Morrison, L.V., and G.M. Appleby, 1981: Analysis of lunar occultations–III. Systematic corrections to Watts' limb-profiles for the Moon. *Mon. Not. R. Astron. Soc.,* **196,** 1013.

Pasachoff, J.M., 2000: *Field Guide to the Stars and Planets,* 4th edition, Houghton Mifflin, Boston, Massachusetts, 578 pp.

Pasachoff, J.M., 2001: "Public Education in Developing Countries on the Occasions of Eclipses." In: A.H. Batten, Ed., *Astronomy for Developing Countries,* IAU special session at the 24th General Assembly, 101–106.

Pasachoff, J.M., and M. Covington, 1993: *Cambridge Guide to Eclipse Photography,* Cambridge University Press, Cambridge and New York, 143 pp.

Penner, R., and J.N. McNair, 1966: Eclipse blindness—Report of an epidemic in the military population of Hawaii. *Am. J. Ophthal.,* **61,** 1452–1457.

Pitts, D.G., 1993: "Ocular Effects of Radiant Energy." In: D.G. Pitts and R.N. Kleinstein, Eds., *Environmental Vision: Interactions of the Eye, Vision and the Environment,* Butterworth-Heinemann, Toronto, Canada, 151 pp.

Rand McNally, 1991: *The New International Atlas,* Chicago/New York/San Francisco, 560 pp.

Reynolds, M.D., and R.A. Sweetsir, 1995: *Observe Eclipses,* Astronomical League, Washington, DC, 92 pp.

Sherrod, P.C., 1981: *A Complete Manual of Amateur Astronomy,* Prentice-Hall, 319 pp.

van den Bergh, G., 1955: *Periodicity and Variation of Solar (and Lunar) Eclipses,* Tjeenk Willink, Haarlem, Netherlands, 263 pp.

Van Flandern, T.C., 1970: Some notes on the use of the Watts limb-correction charts. *Astron. J.,* **75,** 744–746.

U.S. Dept. of Commerce, 1972: *Climates of the World,* Washington, DC, 28 pp.

Watts, C.B., 1963: The marginal zone of the Moon. *Astron. Papers Amer. Ephem.,* **17,** 1–951.

Further Reading on Eclipses

Allen, D., and C. Allen, 1987: *Eclipse,* Allen and Unwin, Sydney, 123 pp.

Brewer, B., 1991: *Eclipse,* Earth View, Seattle, Washington, 104 pp.

Brunier, S., 2001: *Glorious Eclipses,* Cambridge University Press, New York, 192 pp.

Covington, M., 1988: *Astrophotography for the Amateur,* Cambridge University Press, Cambridge, 346 pp.

Duncomb, J.S., 1973: *Lunar limb profiles for solar eclipses,* U.S. Naval Observatory Circular No. 141, Washington, DC, 33 pp.

Golub, L., and J.M. Pasachoff, 1997: *The Solar Corona,* Cambridge University Press, Cambridge, Massachusetts, 388 pp.

Golub, L., and J. Pasachoff, 2001: *Nearest Star: The Surprising Science of Our Sun,* Harvard University Press, Cambridge, Massachusetts, 286 pp.

Harrington, P.S., 1997: *Eclipse!,* John Wiley and Sons, New York, 280 pp.

Harris, J., and R. Talcott, 1994: *Chasing the Shadow: An Observer's Guide to Solar Eclipses,* Kalmbach Publishing Company, Waukesha, Wisconsin, 160 pp.

Littmann, M., F. Espenak, and K. Willcox,, 2008: *Totality, Eclipses of the Sun,* Oxford University Press, New York, 300 pp.

Mitchell, S.A., 1923: *Eclipses of the Sun,* Columbia University Press, New York, 425 pp.

Meeus, J., 1998: *Astronomical Algorithms,* Willmann-Bell, Inc., Richmond, Virginia, 477 pp.

Meeus, J., 1982: *Astronomical Formulae for Calculators,* Willmann-Bell, Inc., Richmond, Virginia, 201 pp.

Mobberley, M., 2007: *Total Solar Eclipses and How to Observe Them,* Astronomers' Observing Guides, Springer, New York, 202 pp.

Mucke, H., and Meeus, J., 1983: *Canon of Solar Eclipses: –2003 to +2526,* Astronomisches Büro, Vienna, Austria, 908 pp.

North, G., 1991: *Advanced Amateur Astronomy,* Edinburgh University Press, Edinburgh, Scotland, 441 pp.

Ottewell, G., 1991: *The Understanding of Eclipses*, Astronomical Workshop, Greenville, South Carolina, 96 pp.

Pasachoff, J.M., 2004: *The Complete Idiot's Guide to the Sun*, Alpha Books, Indianapolis, Indiana, 360 pp.

Pasachoff, J. M., 2007: "Observing solar eclipses in the developing world. In: Astronomy in the Developing World, *Proc. IAU Special Session 5,* J.B. Hearnshaw and P. Martinez, eds., Cambridge University Press, New York, 265–268.

Pasachoff, J.M., and B.O. Nelson, 1987: Timing of the 1984 total solar eclipse and the size of the Sun. *Sol. Phys.*, **108**, 191–194.

Steel, D., 2001: *Eclipse: The Celestial Phenomenon That Changed the Course of History,* Joseph Henry Press, Washington, DC, 492 pp.

Stephenson, F.R., 1997: *Historical Eclipses and Earth's Rotation*, Cambridge University Press, New York, 573 pp.

Todd, M.L., 1900: *Total Eclipses of the Sun*, Little, Brown, and Co., Boston, Massachusetts, 273 pp.

Von Oppolzer, T.R., 1962: *Canon of Eclipses*, Dover Publications, New York, 376 pp.

Zirker, J.B., 1995: *Total Eclipses of the Sun*, Princeton University Press, Princeton, New Jersey, 228 pp.

Further Reading on Eye Safety

Chou, B.R., 1998: Solar filter safety. *Sky & Telescope*, **95**(2), 119.

Pasachoff, J.M., 1998: "Public education and solar eclipses." In: L. Gouguenheim, D. McNally, and J.R. Percy, Eds., New Trends in Astronomy Teaching, *IAU Colloquium 162,* (London), Astronomical Society of the Pacific Conference Series, 202–204.

Further Reading on Meteorology

Griffiths, J.F., Ed., 1972: *World Survey of Climatology, Vol. 10, Climates of Africa*, Elsevier Pub. Co., New York, 604 pp.

National Climatic Data Center, 1996: *International Station Meteorological Climate Summary; Vol. 4.0* (CD-ROM), NCDC, Asheville, North Carolina.

Schwerdtfeger, W., Ed., 1976: *World Survey of Climatology, Vol. 12, Climates of Central and South America*, Elsevier Publishing Company, New York, 532 pp.

Wallen, C.C., Ed., 1977: *World Survey of Climatology, Vol. 6, Climates of Central and Southern Europe*, Elsevier Publishing Company, New York, 258 pp.

Warren, S.G., C.J. Hahn, J. London, R.M. Chervin, and R.L. Jenne, 1986: Global Distribution of Total Cloud Cover and Cloud Type Amounts Over Land. *NCAR Tech. Note NCAR/TN-273+STR* and *DOE Tech. Rept. No. DOE/ER/60085-H1,* U.S. Department of Energy, Carbon Dioxide Research Division, Washington, DC, (NTIS number DE87-006903), 228 pp.